PLANTAS VENENOSAS DE PUERTO RICO
y las que producen dermatitis

ESTEBAN
NÚÑEZ
MELÉNDEZ

PLANTAS VENENOSAS DE PUERTO RICO

Y LAS QUE PRODUCEN DERMATITIS

EDUPR
EDITORIAL
DE LA UNIVERSIDAD
DE PUERTO RICO

Primera edición, 1990
Reimpresión, 1996

Catalogación de la Biblioteca del Congreso
Library of Congress Cataloging in Publications Data

Library of Congress Cataloging-in-Publication Data

Núñez Meléndez, Esteban, 1910-
Plantas venenosas de Puerto Rico: y las que producen dermatitis/
Esteban Núñez Meléndez. -- 1a ed.
p. cm.
Includes bibliographical references.
1. Contact dermatitis. 2. Poisonous plants--Toxicology.
3. Poisonous plants--Puerto Rico. I. Title.
[DNLM: 1. Dermatitis--etiology. 2. Plants, Toxic. WD 500 N972p]
RC593.C6N86 1989
616.5'1--dc20
DNLM/DLC
for Library of Congress 89-70649
CIP

ISBN 0-8477-2341-0

Tipografía y diseño: José A. Peláez
Portada: Campana del río, *Datura suaveolens*
Foto de Esteban Núñez Meléndez

Impreso en los Estados Unidos de América
Printed in United States of America

EDITORIAL DE LA UNIVERSIDAD DE PUERTO RICO
Apartado 23322
Estación de la Universidad
Río Piedras, Puerto Rico 00931-3322

DEDICATORIA

Dedico esta obra a los profesionales de la salud que intervienen con pacientes víctimas de intoxicación con plantas venenosas; a los dermatólogos que contribuyen, fundamentalmente, al conocimiento y tratamiento de la dermatitis; y a los estudiosos de la botánica de estas plantas. La dedico también a mis hijos y nietos, quienes han demostrado en todo el proceso de la preparación de la obra un marcado y espontáneo interés en ella.

RECONOCIMIENTO

Deseo expresar mi reconocimiento, en primer término, al Dr. Andrés Malavé, decano del Colegio de Farmacia del Recinto de Ciencias Médicas de la Universidad de Puerto Rico, por su apoyo y sostén moral; a la Sra. Marta Aponte Alsina, Directora de la Editorial Universitaria; al personal de esta organización por sus atenciones y ardua labor, en particular a la Sra. Nilda L. Alemán por su impecable trabajo de mecanografía; al Dr. Luis F. Martorell, entomólogo de la Estación Experimental, por la revisión de los nombres científicos de las plantas; al Dr. Frank H. Wadsworth, ex-director del Instituto de Servicio Forestal del Depto. de Agricultura de Estados Unidos de Norteamérica, por haber permitido el uso de las fotografías de árboles venenosos y de los que producen dermatitis en su obra *Arboles Comunes de Puerto Rico y las Islas Vírgenes*; a la Srta. Joan Hayes, Directora de la Biblioteca de la Estación Experimental Agrícola, por su valiosa ayuda en la búsqueda de material bibliográfico, tanto localmente, como del exterior; a la División de Audiovisual y Comunicación del Recinto de Ciencias Médicas por su colaboración en la preparación de un grupo de fotografías; a Carlos Rivera y Julio Figueroa, del Instituto de Dasonomía Tropical; y a Luis Rivera, del Bosque Nacional del Caribe, por su colaboración en la localización de árboles venenosos.

Mi personal agradecimiento a todas aquellas personas que en distintos sitios de Puerto Rico me han ayudado en la búsqueda de plantas venenosas y de las que producen dermatitis, y a las que me suplieron información muy útil en la publicación de la obra.

A todos les estoy muy agradecido.

CONTENIDO

PROLOGO

José M. Saldaña
Andrés Malavé
Jorge L. Sánchez

Puerto Rico es en muchos órdenes un país agradecido. Uno de estos órdenes lo constituye la gran calidad del extenso número de extraordinarias personas de la tercera edad con las que contamos. Personas de vasta capacidad y talento que en su juventud y madurez hicieron grandes contribuciones al desarrollo de nuestra sociedad desde sus respectivas profesiones y ocupaciones. Sin embargo, no conformes con la contribución hecha, por la cual les estamos profundamente agradecidos, continúan hoy, en la tercera edad, atentos a nuestro desarrollo y contribuyendo al mismo en forma destacada.

Estas personas son uno de nuestros más grandes recursos naturales. Recurso que con su presencia nos provee a los más jóvenes el aliento, la confianza, la seguridad y el modelo inspirador al cual emular. Una de esas personas lo es el Dr. Esteban Núñez Meléndez, Profesor Emérito y Catedrático Ad-Honorem del Recinto de Ciencias Médicas. Como si su prolífica obra en la investigación científica y en la docencia por más de cuatro décadas fuese poca contribución a nuestro pueblo, nos hace desde la jubilación el doctor Núñez un legado de dos obras que habrán de constituir un bien activo para las diferentes instituciones docentes y de servicios de salud del país, así como para la ciudadanía: *Plantas medicinales de Puerto Rico*, en 1982, y *Plantas venenosas de Puerto Rico y las que producen dermatitis*.

Este último tratado, al igual que el anterior, está escrito en forma sencilla, clara y concisa, lo cual lo hace de gran utilidad no solamente para el profesional de las ciencias de la salud, sino también para el lego en estas materias.

El contenido sustantivo se concentra en tres secciones: Plantas venenosas, plantas potencialmente venenosas y plantas que producen dermatitis. En estas secciones se ofrece el nombre común de la planta y el nombre científico; se describen la planta y sus efectos sobre el organismo; se enuncian los síntomas principales de su toxicidad y se señala el tratamiento recomendado.

En un momento en que, por diversas razones que no vienen al caso discutir en este espacio, un gran número de personas de nuestra sociedad recurre a remedios, productos y procedimientos naturales para atender su salud, es pertinente esta obra para concientizar sobre los peligros que la utilización inadecuada y, en algunos casos, el contacto con este grupo de más de cien plantas comunes a nuestro contorno pueden representar para la salud y bienestar de sectores de nuestra población. Por otro lado, en la Introducción nos llama también la atención el autor respecto a la forma en que algunas de estas plantas se usan para ornato del ambiente y contribuyen en forma positiva a nuestra economía, esparcimiento y, por ende, a nuestra salud y bienestar. De esta forma, el Dr. Núñez Meléndez se nos presenta como el hombre de ciencia y universitario que es amante de la verdad, de la naturaleza y respetuoso de las cosas vivas.

José M. Saldaña, D.M.D., M.P.H.
Noviembre, 1988
Rector
Recinto de Ciencias Médicas
Universidad de Puerto Rico

El Dr. Esteban Núñez pertenece a un grupo de profesionales que no reconoce el término “retiro”. Aunque se acoge a la jubilación en 1976, continúa su actividad como Catedrático Ad-Honorem en el Colegio de Farmacia, Recinto de Ciencias Médicas. En 1983 la Universidad de Puerto Rico lo distingue otorgándole el grado de Profesor Emeritus.

Una vez concluida la segunda edición de su libro Plantas Medicinales de Puerto Rico (1982), comienza la preparación de su nueva obra: *Plantas venenosas de Puerto Rico y las que producen dermatitis.* En esta obra el Dr. Esteban Núñez nos ofrece su larga experiencia como farmacognosista e investigador científico incansable. El autor hace un estudio abarcador de sobre 71 plantas venenosas, 28 plantas fundamentales que producen dermatitis y unas 17 plantas potencialmente venenosas. Además nos provee una sección de plantas misceláneas que producen dermatitis y fotodermatitis. Esta obra, que contiene vasta e importante información presentada en forma sencilla, es extraordinariamente pertinente al pueblo latino, sobre todo para el profesional relacionado con la salud humana. En el estudio de cada planta en particular, el doctor Núñez ha realizado una labor minuciosa. Comenzando con la clasificación de cada planta según su familia, género y especie, el autor ha tratado de fijar, además, el nombre común en español de mayor aceptación en la Isla, aunque incluye otras designaciones con las cuales también se conoce cada espécimen. El uso del nombre técnico y científico de cada planta y el método descriptivo, conciso y claro con que describe los efectos tóxicos de los componentes de cada planta, le permiten al lector obtener la información en forma integrada y manejable.

El glosario de términos ayudará a la comprensión de las descripciones, aunque el autor ha tratado de mantener en lo posible la sencillez del lenguaje.

La obra trae además 15 fotografías, en colores, y 30 ilustraciones (facilitadas por U.S. Forest Service y realizadas por la Dra. Frances W. Horne) que contribuyen a la descripción y facilitan la identificación de cada planta.

No hay duda de que nuestro pueblo estaba necesitado de una obra como ésta. A pesar del avance en la tecnología farmacéutica, todavía en un gran número de países, sobre todo en los países latinoamericanos, la utilización de plantas en busca de actividad terapéutica, es significativa. Por tal razón, es imperativo que todos estemos alertados sobre aquellas plantas que pueden tener efectos nocivos para la salud.

Andrés Malavé, Ph.D.
Decano
Recinto de Ciencias Médicas
Universidad de Puerto Rico

El objetivo básico de esta nueva publicación del doctor Esteban Núñez, distinguido estudioso puertorriqueño, es recopilar, y presentarnos en una forma clara y precisa, sus experiencias científicas y humanas en un campo de la naturaleza muy conocido para él, y de gran interés para los farmacólogos, botánicos, toxicólogos, médicos y otros profesionales.

La elaboración de una obra de esta naturaleza no solamente exige una ardua labor por parte de su autor, sino que además requiere un conocimiento profundo de esta materia, dedicación a la profesión, y capacidad especial para trasmitir los conocimientos. Este tipo de actividad no es nueva para el doctor Núñez, Profesor Emeritus del Colegio de Farmacia del Recinto de Ciencias Médicas, autor de numerosas publicaciones en el campo de la Farmacognosia, recipiente de diversos honores y distinciones, y un enamorado de la investigación científica.

El conjunto de su obra comprende tres grandes capítulos donde abunda sobre las plantas venenosas de Puerto Rico, las potencialmente venenosas y las que producen dermatitis. Se presenta esta información en forma organizada y con referencias pertinentes para aquellos que deseen abundar en otros detalles. En el capítulo de plantas que producen dermatitis discute en forma breve, pero clara, los tres mecanismos principales de dermatitis, esto es, irritación primaria, alergia y fitofotodermatitis. En este mundo donde diariamente se producen innumerables sustancias químicas hechas por el hombre, potencialmente venenosas y tóxicas a la piel, es encomiable que contemos con un tratado que nos ilustra sobre aquellas sustancias nocivas que son producto de la naturaleza.

Reconocemos que, por muchos años, el doctor Núñez ha leído, ha hecho estudios de investigación y ha analizado las plantas de Puerto Rico. Ha investigado personalmente cientos de plantas con énfasis en las beneficiosas o dañinas al hombre. Este libro analiza más de cien de esas plantas, su potencial venenoso, así como la capacidad de producir inflamación de la piel. Para esto, ha evitado producir una enciclopedia, siendo selectivo en los temas, y al mismo tiempo sin caer en lo provincial. Su presentación de plantas conocidas, como anturios, berenjenas, manzanillo y la planta de alhelí ofrece al lector cierta familiaridad con el tema, que invita a la lectura.

Puedo predecir que, no solamente la comunidad científica se beneficiará de esta contribución, sino que nuestro hombre común, especialmente aquellos que por la naturaleza de su oficio o residencia están en contacto directo con estas plantas, agradecerán esta obra del doctor Núñez.

En resumen, el autor le provee al lector una cantidad sustancial de información que debe mejorar nuestros conocimientos de un campo tan interesante de la Ciencia.

Jorge L. Sánchez, M.D.
Catedrático y Director
Departamento de Dermatología
Escuela de Medicina
Universidad de Puerto Rico

INTRODUCCION

Si revisamos la historia de las plantas venenosas, nos encontramos con el interesante caso de la planta narcótica, oriunda de Europa y Asia, conocida como cicuta (*Conium maculatum*). Está muy relacionada con la muerte del notable filósofo griego Sócrates (470-400 a.C.) Se le acusaba de corromper a la juventud. Las contribuciones de este gran filósofo son bien conocidas, especialmente por la *Apología*, pero sus principios estaban en conflicto con los de varios enemigos suyos, quienes le dieron a beber una decocción de esta planta. Los compuestos químicos que le ocasionaron la muerte habían actuado paralizando las áreas motoras del cerebro y los de la espina dorsal y hasta de los músculos voluntarios.

En la narración sobre la muerte de Sócrates se hace referencia a la pérdida de sensibilidad como el síntoma fundamental de su intoxicación. Sin embargo, estudios efectuados a mediados del presente siglo le han asignado a la semilla de esta planta usos muy beneficiosos ya aprobados por las autoridades gubernamentales. Esta breve exposición establece un interesante contraste entre una toxicidad histórica y una utilidad medicinal, confirmada actualmente, de dicha planta.

Informa el Padre Bernabé Cobo en su *Historia del Nuevo Mundo* (1653) que la hoja del chamisco (*Datura stramonium*) "adormece los sentidos... los indios la usan para embriagarse y, si se toma mucha cantidad, saca de sentido a una persona de manera que, teniendo los ojos abiertos, no ve ni conoce. Suélense hacer grandes males con esta bebida; y aún no ha mucho tiempo que sucedió en este reino a un conocido mío con otro compañero, éste para robarle le dio a beber chamico, con que el paciente salió de juicio y estuvo tan furioso, que desnudo en camisa se iba a echar al río. Agarráronlo como a loco y lo detuvieron y estuvo de esta suerte sin volver en sí dos días".

Esta planta, también venenosa, es fuente de medicación importante, aprobada desde hace más de medio siglo, y ha sido oficial por muchos años.

Como en la presente obra estamos incluyendo también plantas que producen dermatitis, sería interesante mencionar alguna planta cuya historia esté vinculada con estos perjudiciales efectos.

El árbol de manzanillo (*Hippomane mancinella*), que crece a lo largo o cerca de las playas, es uno de los árboles nuestros más venenosos. La savia lechosa en sus hojas, ramitas y en la corteza es, además, fuertemente irritante. Produce una fuerte dermatitis.

Don Gonzalo Fernández de Oviedo y Valdés, en su obra *Historia General y Natural de las Indias*, informa que los indios caribes envenenaban sus flechas con la savia de este árbol.

Informa, además, "que de echarse algunos hombres a dormir descuidadamente debajo de aquestos árboles, no los conosciendo, poco tiempo que les dure el sueño a la sombra del manzano, cuando se levantan, es con grandísimo dolor de cabeza e hinchados los ojos e las cejas e mexillas. E por si acaso el rocío de este árbol toca en la cara, es como fuego e levanta e abrasa..." Una revisión de la literatura científica sobre estos efectos informa que se verifica una disolución de los compuestos químicos en el rocío y la humedad que se acumula, y mediante estos vapores actúa en la forma descrita.

Estos son sólo algunos de los numerosos hechos históricos sobre la materia que tratamos en la presente obra.

He recorrido muchos campos y pueblos de Puerto Rico con el afán de presentar el mayor número de plantas venenosas posible y las que producen dermatitis. He notado la inmensa variedad de plantas ornamentales que producen dermatitis y las he incluído en la presente obra. He notado el celo con que nuestra gente cuida de su jardín y su dedicación al embellecimiento de sus hogares y sus continuos deseos de obtener más conocimientos sobre las plantas que cultivan. Su trato afable y campechano me ha llevado a visitarles una y otra vez, útil terapia para los que residimos parte del tiempo en el área metropolitana, para llevarles algún mensaje o para adquirir varias de sus atractivas plantas.

En los últimos diez años las importaciones de plantas ornamentales, tanto de Estados Unidos como de Europa, Centro y Sur América, Hawaii, Tailandia y de otros países del Oriente, han sido extraordinarias.

Se han efectuado reuniones de agrónomos, agricultores, oficiales de gobierno y otras personas interesadas en aumentar la producción de ornamentales para cubrir el marcado aumento de la demanda y ayudar a los floricultores puertorriqueños. Ha sido un acuerdo general que un mayor número de floricultores cultiven plantas necesarias para la ornamentación de casas y edificios, grama, plantas de follaje, y para exteriores e interiores. Esta industria de las flores aporta a la economía del país sobre tres millones de dólares a nivel de agricultor. La legislatura nuestra ha eximido, por un período de diez años, del pago de contribuciones sobre el ingreso la producción comercial de flores y plantas ornamentales para el mercado local y de la exportación.

Todos estos factores han producido un notable incremento en la producción de plantas ornamentales en Puerto Rico.

En la presente obra se presentan en primer término las plantas venenosas, que incluyen, entre otras, un grupo de las plantas ornamentales, muchas muy conocidas. Creo que pocas personas se han dado cuenta de que muchas son venenosas y posiblemente no existe persona que conozca todas las plantas ornamentales venenosas. Conviene señalar que hay un buen número de otras plantas y árboles, no ornamentales, venenosos.

En segundo lugar, se incluyen plantas y árboles ornamentales y no ornamentales, que producen dermatitis. Se mencionan solamente los más conocidos.

Debo señalar que, al presentar las plantas venenosas del primer grupo, se informa sobre las que, además, producen dermatitis.

Finalmente, hay una extensa lista de plantas de menor importancia que producen dermatitis, clasificadas por familias.

Esperamos que la presente obra sea de provecho a los amantes del extenso reino de las plantas, fuente inagotable de beneficiosa terapia para nuestro organismo. Su cultivo, mantenimiento, precauciones y métodos para conservarlas en buen estado nos traen salud a nuestro organismo.

Si los estudiosos de las ciencias de la botánica, fitoquímica, farmacología, toxicología y las demás ciencias relacionadas, y los enamorados de la investigación científica en estas áreas encuentran en esta obra material para satisfacer sus anhelos, será motivo de satisfacción para el autor: un estímulo más para proseguir su estudio en este amplio campo de la naturaleza.

I
PLANTAS VENENOSAS DE PUERTO RICO

El diccionario médico ilustrado *Dorland* en su última edición especifica claramente que un veneno es una sustancia que, en cantidades relativamente pequeñas, al ser ingerida, inhalada, absorbida, o cuando se aplica, se inyecta, o cuando se desarrolla dentro del organismo, puede causar, por su acción química, daños a estructuras del organismo o desórdenes a su funcionamiento.

El *Diccionario Enciclopédico Espasa* en su octava edición define el término veneno como cualquier substancia que, introducida en el cuerpo o aplicada a él en pequeña cantidad, le ocasiona la muerte o graves trastornos.

Se entiende pues, claramente, que para que una sustancia sea venenosa debe ser ingerida en pequeñas cantidades. Cuán pequeña sea la cantidad depende de la sustancia en particular.

No se ha podido establecer, ni aun para las drogas corrientes, una dosis promedio que cubra a grupos enteros, y se ha tenido que especificar dosis promedio para cada droga en particular. En los libros oficiales de la medicina, la farmacopea, el formulario nacional, el parámetro usado ha sido la dosis promedio de cada una en particular que produzca los efectos terapéuticos esperados para determinadas condiciones de un padecimiento.

Es igual cuando se habla de drogas naturales y de plantas medicinales. El parámetro usado son los efectos beneficiosos deseados en el organismo en determinados malestares y circunstancias.

En el caso de plantas venenosas, la situación varía. Debido a su intensa acción farmacológica, y más aún al no producir efectos beneficiosos que puedan controlarse con determinada cantidad, no se puede establecer una dosis. Esta situación se complica con la presencia de numerosos compuestos químicos en una planta.

Conviene entender, sin embargo, que, por el hecho de que una planta medicinal contenga un compuesto químico venenoso, no se puede catalogar esa planta como venenosa. Mencionemos el caso de la higuereta, cuyas semillas contienen, entre sus constituyentes medicinales, el aceite de castor, llamado también aceite de ricino, laxante preferido en uso clínico. La semilla contiene también una toxialbúmina, altamente venenosa, particularmente cuando la semilla está verde.

Lo cierto es que el aceite de ricino, para ser usado en la medicina, se separa del resto de la semilla comprimiéndola en máquinas; es decir, por expresión, dejando atrás en el residuo a la toxialbúmina. Pequeñas cantidades pasan, desde luego, junto con el aceite, pero se eliminan totalmente mediante los lavados con agua a que se somete el aceite para su purificación final y luego ser usado en la medicina y en diversas industrias. No se puede catalogar como venenosos a la guanábana y a otros frutos cuyos jugos son tan nutritivos, por el hecho de que la cubierta de las semillas contenga un compuesto venenoso. No creo que haya persona alguna que, al tomar el jugo de esta fruta, incluya también las semillas. Aun así, si lo hicieran, las semillas se eliminarían íntegras por el organismo, ya que, si se ingirieran, el jugo gástrico no poseería la concentración suficiente para disolverlas y absorberlas. Solamente en el caso de que la guanábana estuviese bien verde y las semillas tuviesen la cubierta tierna, podrían ocurrir síntomas de envenenamiento, pero ése no es el caso cuando se usa la guanábana para obtener su jugo. Afortunadamente, la industria de los jugos de frutas está teniendo un desarrollo extraordinario en Puerto Rico con la buena acogida de nuestros conciudadanos.

Indica claramente todo este análisis que para que una planta, bien sea medicinal o venenosa, ejerza sus efectos en el organismo, sus compuestos químicos deben absorberse a través del mesenterio intestinal. Si no se absorben, los compuestos químicos pueden ejercer su acción directamente sobre la mucosa intestinal y en esa forma efectuar una acción local sobre ese sitio. Tal vez podrían ocasionar una simple irritación, o tan intensa como para producir desprendimiento de la mucosa y de los capilares sanguíneos.

Hay plantas que, además de poseer estas dos formas de actividad fisiológica, pueden producir el interesante efecto de las dermatitis en una o más de sus variadas formas.

Las plantas de Puerto Rico más importantes que manifiestan únicamente estos efectos están incluidas, sin embargo, en un grupo separado en esta obra.

Presentamos, pues, a continuación, la descripción de las plantas venenosas. Aprovechamos la oportunidad de incluir además, entre sus efectos, el de la dermatitis si así fuese el caso.

ADELFA

APOCYNACEAE

Nerium oleander L.
Alhelí extranjero, laurel rosado
Oleander

Es un arbusto ornamental glabrescente, bastante ramificado, que se cultiva en jardines, y en algunos parajes se ha hecho silvestre, siendo nativo de Oriente y de la zona del Mediterráneo. Florece casi perenne, con preferencia en el otoño.

Alcanza de 3 a 4 m de altura. Sus hojas son de 10 a 15 cm de largo, opuestas o de 3 verticilos cortos, pecioladas, elípticas, atenuadas en ambos extremos, coriáceas y lampiñas. Sus flores son de aproximadamente 5 cm de diámetro, rosadas, dobles, en grandes cimas o panojas verticiladas. Se presentan también en otros colores. El pedúnculo se ramifica en el medio; las bractéolas son escamosas al pie de las divisiones y de los pedicelos que son del largo del cáliz; los segmentos de este cáliz son lanceolados y agudos; la corola es pluripétala, mucho mayor que el cáliz, con los pétalos unidos en la base.

Los dos principales glucósidos de efectos cardiotóxicos presentes principalmente en las hojas de esta planta son el oleandrósido y el neriósido (1), (2), afectan, además, el sistema nervioso central, los riñones y el hígado. Producen congestión inflamatoria peribronquial y atelectosis en los pulmones (3).

Las hojas de esta planta se consideran extremadamente tóxicas. Una sola hoja se considera potencialmente letal. El comer frutos de las plantas, masticar flores o tomar agua de floreros que contienen las flores, produce también síntomas de intoxicación (2).

Se produce primeramente una irritación local de la membrana mucosa de la boca y el estómago, seguida de vómitos. Pueden seguir diarreas, dolor de cabeza persistente y dolor abdominal (4).

Se efectúa un aumento del pulso, las extremidades se ponen frías, se presenta midriasis mareada, sudor, anorexia, debilidad, gastroenteritis con pequeñas hemorragias en varios órganos (5), (2).

Los latidos cardíacos se presentan débiles e irregulares. Pueden sobrevenir disnea y coma (2).

Debe instituirse el estudio del electrocardiograma en el tratamiento (4).

REFERENCIAS

1. *Chem, Abs.*, (42): 7940, 1948. "Glycosides of Nerium oleander of the Argentine," Rossi, Oscar A. and Juan A. Izquierdo. *Revista Farmacéutica,* Buenos Aires, (90): 441-7, 1947.
2. Kingsbury, J.M. "Nerium", *Poisonous Plants of the United States and Canada.* Englewood Cliffs, NJ: Prentice-Hall, Inc., 1964. pp. 264-266.
3. Lampe, Kenneth F. and Rune Fagerström, "Plant producing cardiovascular Disturbances", *Plant Toxicity and Dermatitis. A Manual for Physicians.* Baltimore: The Williams and Wilkins Co., 1968, pp. 82-89
4. Everist, Selwyn. *Poisonous Plants of Australia.* London: L., Angus and Robertson, Publishers, 1974. pp. 64-66.
5. *Chem. Abs.;* (62): 4509, 1965. "Toxicity of the oleander. Symptoms;, pathological anatomical damage and method of glycoside determination", C.E. Eliakis, E.C. Eliakis and A.S. Contselins. *Ann. Med. legale criminal, Police Sci. Toxicol.* (41): 361-388, July-Aug. 1961.

ALELAILA

MELIACEAE

Melia azedarach L.
Lilaila, pasilla
Pride of India; china berry, hog fresh

Arbol ornamental oriundo del Asia meridional. Se encuentra en los países tropicales y subtropicales, también en el sur de Estados Unidos, Méjico y hacia el sur hasta Argentina y Brasil.

Alcanza de 20 a 50 pies de altura y de 1 a 2 pies de diámetro en el tronco. Sus hojas son alternas bipinadas con muchas hojuelas finas lanceoladas a ovadas de 2 a 4 cm de largo y de punta larga y borde aserrado, y al triturarlas tienen un sabor amargo y olor picante característico. Sus flores se presentan en racimos, de color púrpura pálido. Sus frutos se presentan en bayas (drupas), lisas, tornándose un poco arrugadas y ligeramente carnosas, aproximadamente de 1 cm de diámetro. Su interior es duro y alberga hasta 5 semillas angostas, color castaño oscuro, de aproximadamente 5 cm de largo.

Los frutos constituyen fundamentalmente la parte venenosa de este árbol. Contienen principalmente dos alcaloides: paraisina y azaidina (1), (2). Además, taninos, triterpenos (3), (4) y una tóxina (2), (5) en la porción resinosa de la pulpa de la fruta.

Al masticarse la fruta, particularmente verde, e ingerirse, se presentan los primeros síntomas gastrointestinales: vómitos, náuseas, sed intensa, diarrea o estreñimiento (6). Se presenta sudor frío, rechinar de dientes, somnolencia, fatiga, atáxia, confusión mental, estupor, convulsiones, poca actividad cardiaca, disnea, temblor, narcosis y parálisis (2), (5), (7).

Las otras partes de la planta: hojas, corteza y flores no han demostrado mucha toxicidad (8).

Se recomienda lavado gástrico lo más pronto posible, seguido de la administración de demulcentes (ej: albúmina de huevo) o leche para evitar se intensifique la intoxicación. Si las diarreas son intensas y persistentes, particularmente en niños, debe darse el tratamiento para "shock" (7). Se recomienda dar bebidas azucaradas en casos de niños (5).

REFERENCIAS

1. *Chem. Abs.*: (35) 7104, 1941, "Insect repellent action of extracts of the leaves of Melia azedarach", M. Bolkonsky, *Arch. Inst. Pasteur*, Algérie, 1937, pp. 427-432.

2. *Chem. Abs.:* 33: 6551s, 1939, "Fatal intoxication by fruit from Melia azedarach". Rogelio E. Carratala, Rev. Asoc. Med. Argentina, (53): 338-340, 1939.

3. *Chem. Abs.:* (70): 115364, 1969, "Tetracyclic triterpenoids from M. azedarach", Chang. F.C., Chiang, C. (Med. Units Univ. of Tennessee, Memphis, (Tenn.), *Tetrahedron Lett.* 11: 891-4, 1969.

4. *Chem. Abs.:* (70): 4316a "Kulinone, a euphane-type triterpenoid from M. azedarach", Chang, F.C., Chiang, C. (Dept. of Pharmacognosy, University of Tennessee, Memphis, Tenn.), *Chem Commun.* (19): 1156-8, 1968.

5. Everist, Selwyn L. "Melia Azedarach", *Poisonous Plants of Australia*, Sydney: Angus and Robertson, Publishers, 1974, p. 368.

6. Tampion, John, "Melia Azedarach", *Dangerous Plants*, New York: Universe Books, 1977, p. 26.

7. Lampe, Kenneth, F. and Rune Fagerström. "Melia Azedarach", *Plant Toxicity and Dermatitis, Manual for Physicians*, Baltimore: The Williams and Wilkins Company, 1968, p. 133.

8. Kingsbury, John M. "Melia Azedarach", *Poisonous Plants of United States and Canada*. Englewood, NJ: Prentice-Hall, Inc., 1964, p. 206.

ALGODON DE SEDA

ASCLEPIADACEAE

Calotropis procera (Ait.) Ait.f.
Bomba, mudar, tula
Giant milkweed

Es una planta que crece en casi todas las regiones tropicales del globo, genealmente cerca de la costa.

Crece cerca de 1 m de alto y se distingue por su color verde azulado. Está cubierta de un polvo blancuzco.

Sus hojas son corto pecioladas, alternas, gruesas, grandes de 15 a 18 cm de largo, óvalo redondeadas, acorazonadas en la base y glabras. Sus atractivas flores se presentan de 10 a 20 formando cimas axilares o extraxilares, largo pedunculadas, los pedícelos algo mayores que la flor. Su fruto es un folículo ventrudo, grande, con numerosas semillas plumosas.

La planta contiene principalmente los siguientes compuestos tóxicos: calactina, calatoxina, calatropina, uscaridina (1). La corteza de la raíz contiene una resina amarga libre de alcaloide (2) que contiene varios compuestos químicos (3) y otra sustancia tóxica. De las hojas, las flores y las semillas se han separado otros compuestos orgánicos (4), (1), (7), (8). El látex de la planta contiene otro grupo de compuestos orgánicos, varios de los cuales comparten la toxicidad de la planta (5), (6), (1), (2).

La raíz, la corteza y el látex principalmente se han usado en las Indias Orientales para varias afecciones de la piel y, al interior, como diaforético y vomitivo (9). Debido a la diversidad de compuestos químicos tóxicos no se recomienda el uso de esta planta.

Algodón de seda
Calotropis procera

Al masticar o ingerir partes de esta planta se produce irritación de las membranas mucosas de la boca y el estómago, seguida de vómitos. Pueden presentarse dolores de cabeza y abdominales y síntomas de intoxicación cardíaca, dependiendo del material ingerido.

Síganse las mismas sugerencias que se especifican para el tratamiento con el "Platanillo" en el último párrafo de su monografía.

REFERENCIAS

1. Watt and Breyer — Brandwijk. "Calotropis procera", *Medicinal and Poisonous Plants of Southern and Eastern Africa*, 2nd. edition. Edinburgh: E. and S. Livingstone, 1962. pp. 125-127.
2. Chopra, R.N., R.L. Bradwar and S. Ghosch. "Calotropis procera", *Poisonous Plants of India*, v.I. Calcuta: Government of India Press, 1949, pp. 675, 678.
3. *Chem. Abs.* (69) 59504v, 1968. "The digitanols of the root bark of C. procera". Chandler, R.F., R.G. Combe and T.R. Watson, *Austr. J. Chem.*, 21 (6): 1625-31, 1968.
4. *Chem. Abs.* (72):75695 a, 1970. "Isolation and Study of a polysacharide from C. procera", Qudrant-i-Khuda, Muhammad and S.M. Amir, *Sci. Res.* 6(1-2): 23-8.1, 1969.
5. *Chem. Abst.* (71): 124789z 1969. "Glycosides and aglycon, CCCXX. Glycosides of C. procera", Bruschweller, F., W., Stocklin, W. Stockel and T. Reinchstein, *Helv. Chem. Acta* 52 (7): 2086-2106, 1969.
6. *Chem. Abst.*, (57): 8891, 1962. "Proteolytic activity of some India plants II Isolation, properties and kinetic studies of Calotropain". Atal, C.K. and P.D. Sethi, *Planta Med.* (10): 77-90, 1962.
7. *Chem. Abs.* v. (90): 183171, 1979. "Anthocyanins from the flowers of some medicinal plants", Tiwari, K.P., M. Massood, Y.K. Singh Rathora, P.K. Minocha, Vijnana Parishad, and Paprika Anusandhan. 21 (2): 177-178, 1978 (Hindi).

ANTURIO

ARACEAE

Anthurium sp.

Género de plantas muy atractivas, constituido por más de 500 especies conocidas, muchas de éstas cultivadas bajo sombra, por la belleza de sus hojas y flores. Crecen mejor en terreno poroso con un poco de humedad. Muchas de las que se cultivan actualmente son híbridos y variedades.

Su tallo es leñoso o herbáceo, erguido, ascendiente, rastrero o trepador con sus raíces. Sus atractivas hojas son enteras, lobuladas o indentadas profundamente o digitadas, gruesas y generalmente firmes. Son de forma ovada y de base cordiforme, sagitada o alabardada. Su pecíolo puede ser corto o largo, de forma arrodillada en su copa.

La espata es de forma ovoide, elíptica o lanceolada, de colores atractivos, verde amarillento o púrpura, extendida a lo ancho, algunas veces torcida.

En Puerto Rico se encuentran entre otros el *A. crenatum* (flor de culebra, hoja de costado, moco de pavo y rabo de rata), *A. andreanum* (anturio flamingo), *A. dominicense* y *A. longilaminatum* (lengua de vaca) y el *A. scandens* (guinda).

Todo el tejido de estas plantas contiene abundantes cristales de oxalato de calcio, suficiente para producir fuerte irritación de la boca y la garganta produciendo quemazón e inflamación de toda esa área. Si el paciente no se somete a tratamiento, puede producirse la asfixia (1), (2). Debe lavarse, la boca con leche de magnesia y albúmina e ingerir, si es posible, una onza cada dos horas. Pueden acompañarse analgésicos para el dolor y antiinflamatorios.

El jugo celular de esta planta puede producir dermatitis e irritación de los ojos (2), (3).

Si no se ha ingerido material vegetal de la planta, la dieta puede ser líquida y de purés. Al segundo o tercer día, hasta que aminoren los síntomas, si se ha ingerido material vegetal, se debe proceder con el lavado del estómago siguiendo las instrucciones de rigor (4).

REFERENCIAS

1. Lewis, Walter A. and Memory P.F. Elwin Lewis. "Anthurium sps", *Medical Botany, Plants Affecting Man's Health.* New York: John Willey & Sons, 1977. p. 84.
2. Perkins, Kent D. and Willard W. Payne. "Anthurium sps", *Guide to the Poisonous and Irritant Plants of Florida.* Gainesville, FLA: Florida Cooperative Extention Service, p. 38.
3. Mitchell, John and Arthur Rook. "Anthurium", *Botanical Dermatology: Plants Injurious to the Skin.* Vancouver, Canada: Greengrass, L.T.D. 1979, p. 110.
4. Lampe, Kenneth F. and Rune Fagerström. "Plants Producing Irritation Primarely of the Mouth and Throat: Treatment". *Plant Toxicity and Dermatitis.* Baltimore: The Williams and Wilkins Company, 1968, pp. 12-13.

Azotacaballo
Duranta repens

AZOTACABALLO

VERBENACEAE

Duranta repens L.
Cuentas de oro, lila
Golden dewdrop, pigeonberry.

Arbol pequeño o arbusto oriundo de la América tropical y en las Antillas Occidentales, Florida, Bermudas y Las Bahamas. Se cultiva como ornamental en jardines y como seto vivo.

Crece de 4 a 5 m de alto y sus hojas son opuestas, de 3 a 6 cm de largo, corto pecioladas, lampiñas, lustrosas superiormente, de diversas formas, desde la óvalo redondeada hasta la oblongo lanceolada. Sus flores son azules en racimos en la base, axilares y terminales, largos de pedicelos cortos, de la mitad del largo del cáliz. Su fruto es una drupa obovoidea color amarillo anaranjado de 1 cm de largo.

Se ha informado la presencia de saponinas, alcaloides y ácido cianhídrico en los frutos y semillas entre los compuestos tóxicos. En la corteza se ha informado también la presencia de un glucósido (1).

Entre los primeros síntomas de toxicidad, se informa somnolencia, fiebre y convulsiones en niños que han comido la fruta (1), (2) así como fiebre alta, pupila dilatada, pulso rápido, inflamación de los labios y párpados. El paciente puede manifestar debilidad muscular e incoordinación. Pueden presentarse disturbios circulatorios y convulsiones (1), (2).

Si se han presentado los primeros síntomas puede instituirse el tratamiento sintomático con medidas de soporte, oxígeno, medidas cardiovasculares, respiración artificial y otras más. Si se han presentado los síntomas de la saponina con salivación, náusea, vómitos, dolor abdominal y gastroenteritis, se sugiere el uso de demulcentes, ej. clara de huevo u otro adecuado. La dieta al segundo o tercer día debe ser líquida, incluyendo purés y otros alimentos similares (3).

REFERENCIAS

1. Watt, John M. and M.G. Breyer-Brandwijk, "Duranta repens", *Medicinal and Poisonous Plants of Southern and Eastern Africa*, Edinburgh: E. and S. Livingstone, 1962, p. 1048.

2. Hardin, James W. and Jay M. Arena. "Duranta repens", *Human Poisoning from Native and Cultivated Plants*, 2nd. Edition. Durham, N.C.: Duke University Press, 1974, p. 134.

3. Lampe, Kenneth F. and Rune Fagerstrom, "Duranta repens. Symptoms, Treatment", *Plant Toxicity and Dermatitis, A Manual for Physicians.* Baltimore: The Williams & Wilkins Company, Baltimore, 1968, pp. 22-23.

BERENJENA

SOLANACEAE

Solanum spp.

Grupo de plantas generalmente herbáceas, algunas arbustos y otras arbóreas. Generalmente son espinosas. Los frutos verdes de la berenjena corriente (S. *melongena*) y la papa (S *tuberosum*) los usamos como alimento, y los de la naranjilla (S. *quitoense*) constituyen frutos de sabor muy agradable.

Las hojas y los frutos verdes de la mayoría de las demás especies contienen compuestos químicos alcaloidales que pueden producir efectos tóxicos al organismo. Estos glucoalcoides, que así se denominan, se absorben muy pobremente por el tracto intestinal. Se descomponen para producir otro compuesto químico, una saponina que efectúa entonces una acción irritante menos intensa, aunque se absorbe muy pobremente (1).

Entre las diversas berenjenas con esta clase de compuestos peligrosos sobresale la que produce ramilletes de frutos en forma de bayas globoides, anaranjadas, de 5 a 6 cm de diámetro, usadas para decorar centros de mesa. Se conoce como "berenjena de marimbo" (S. *mammosum*), planta de alrededor de 1 m de alto, tallos densamente pubescentes y espinosos. Su corola es de color azul morado.

Otra usada como ornamental tiene sus frutos redondos, anaranjados o rojizos más pequeños, de 1.5 cm aproximadamente de diámetro. Es conocida como "berenjena de jardín" y "berenjena de cucarachas" (S. *capsicoides*). Crece también alrededor de 1 m de alto con numerosas espinas rectas y sus flores son también blancas con la corola 1 cm de diámetro.

La "berenjena cimarrona" (S. *torvum*) es también muy conocida. Puede crecer de 3 a 4 m de alto, muy ramificada y con numerosas espinas blancas, y rectas. Sus flores son también blancas con la corola de similar diámetro, de 1 a 1.5 cm.

Procede mencionar la "hierba mora" (S. *americanum var. nodiflorum*) del mismo género. Sus hojas han sido usadas generación tras generación como planta medicinal para contrarrestar la acidez gástrica principalmente (2). Los libros sobre el folklore de las plantas medicinales en todos los países donde se encuentra presente, la incluyen en sus páginas.

La cantidad del glucoalcaloide "solanina" en sus hojas es muy baja. La mayor cantidad se encuentra en las frutas verdes (3), pero éstas no se usan en la medicina folklórica. Este glucoalcaloide no se absorbe bien a través del tracto gastrointestinal y además se elimina rápidamente en las heces fecales y la orina. La hidrólisis que se efectúa de este glucoalcaloide en el estómago lo convierte en el alcaloide menos tóxico y absorbido pobremente, la solanidina (1), (4).

Conviene mencionar también que los renuevos que se desarrollan en las papas, forman también estos compuestos alcaloides tóxicos. No se recomienda el comer papas con porciones manchadas verdes o deterioradas (4).

Debemos informar que hemos encontrado en la literatura científica pocos casos sobre envenenamientos (1), aunque sí se informa sobre la toxicidad de estos compuestos químicos en animales.

REFERENCIAS

1. Lampe, Kenneth F. and Rune Fagerström, "Plants Which are Gastroenteric Irritants, Solanine group", *Plant Toxicity and Dermatitis, A Manual for Physicians*. Baltimore: The Williams & Wilkins Company, 1968. pp. 71-78.

2. Font Quer, P., "Hierba Mora (*Solanum nigrum*)", *Plantas Medicinales, El Dioscórides Renovado*. Madrid: Editorial Labor, S.A., 1962. pp. 583-585.

3. Watt, Mitchell and Breyer M. Jerdina. "Solanum nigrum L.", *The Medicinal and Poisonous Plants of Southern and Eastern Africa*, 2nd. ed., Edinburgh: E. & S. Livingstone L.T.D., 1962.

4. "Condensed Material from Journals, News releases, etc." *The Lawrence Review of Natural Products*. v(7), July 1984. Pharmaceutical Information Associates, LTD., Collegeville, Pennsylvania, U.S.A.

BUCARE

PAPILIONACEAE

Erythrina spp.
Bucayos, brucayos
Coral tree

Grupo, generalmente de árboles, presente en las Antillas y en la América tropical continental.

Se caracterizan por sus flores atractivas y se cultivan como ornamentales. La presencia de espinas, tamaño y forma varían en cada especie. Sus hojas son alternas con tres hojuelas anchas. Sus flores generalmente son grandes, de color brillante, escarlata, fasciculadas o en racimos densos que no tardan mucho en desprenderse. Sus frutos consisten en vainas bivalvas contraídas entre las coloreadas semillas. Generalmente las flores aparecen cuando el árbol ha perdido sus hojas.

Se han separado los alcaloides de las hojas, corteza, flores, frutos y semillas de las distintas especies de estos árboles (1), (2). Se informa que la corteza, ramitas y las varias especies son más o menos tóxicas (3). La acción farmacológica ha sido verificada por varios investigadores (4).

Diversas especies de estos árboles se encuentran muy distribuidas en Puerto Rico, particularmente el "búcare enano" (E. *berteroana*) y el "búcare gigante" (E. *poeppigiana*) (5). Sus flores y su follaje son muy atractivos.

Las semillas de los búcares han adquirido la reputacion de ser venenosas. Sin embargo, se han usado ensartadas para formar brazaletes, collares y otras novedades. Se informa que las hojas y las ramas trituradas se han usado para atontar los peces.

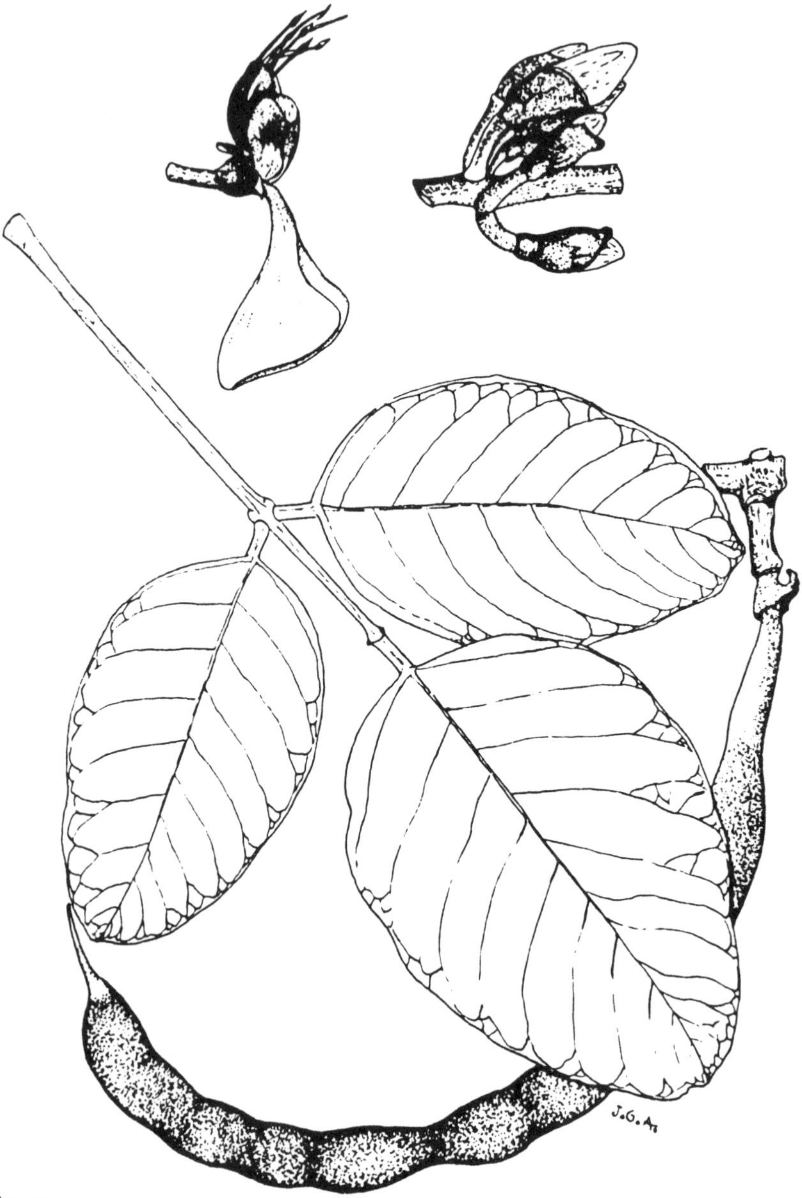

Búcare
Erythrina

La acción paralizante de las terminaciones nerviosas producidaspor los extractos de las semillas se conoce desde 1877 (6). La farmacología de los alcaloides se ha estudiado en detalle. Se ha verificado que poseen la acción típica del curare (7).

REFERENCIAS

1. Hargreaves, R.T. R.D. Johnson, D.S. Millington. M.H. Mondal, W. Beavers, L. Becker, C. Young and K.L. Rinehart, Jr. "Alkaloids of American Species of Erythrina". *Lloydia.* (37):569, 1974.
2. Barakat, I., A.H. Jackson and M.I. Abdulla, 1977. "Further Studies of Erythrina Alkaloids" *Lloydia.* (40): 471, 1977.
3. Little, Ernest L., Frank H. Wadsworth y José Marrero, "Búcare enano", "Búcare gigante", *Arboles Comunes de Puerto Rico y las Islas Vírgenes,* San Juan: Editorial Universidad de Puerto Rico, 1967, pp. 267-268 y 273-274.
4. Folkers, Karl, Unna Klaus, "Erythrina Alkaloids.V. Comparative Curare-Like Potencies of Species of the Genus Erythrina", *Jour. Amer. Pharm. Assoc.*, (28): 1019, 1939.
5. Martorell, Luis F., Alain H. Liogier y Roig O. Woodbury, "Catálogo de los nombres vulgares y científicos de las plantas de Puerto Rico, Erythrina". *Boletín Estac. Exper. Agric.*, Río Piedras, P.R. (262): 71, 1981.
6. Osol, Arthur and George E. Farrar, Jr. et al., "Erythrina", *The Dispensatory of the United States of America*, Philadelphia: J.B. Lippincott Company, 1947, p. 1444.
7. Lewis, Walter H. and Memory P.F. Elvin-Lewis, "Erythrina", *Medical Botany, Plants Affecting Man's Health*, New York: John Wiley & Sons, 1977, pp. 43, 164 y 400.

Cabalonga
Thevetia peruviana

CABALONGA

APOCYNACEAE

Thevetia peruviana (Pers.) K. Schum.
Caballón
Milk tree, lucky nut, trumpet flower

Arbusto o árbol pequeño, lampiño en todas sus partes verdes, nativo de la América Tropical, silvestre cerca de sitios de cultivo, aunque algunas veces se cultiva como ornamental. Florece la mayor parte del año.

Crece hasta 3 m de alto con ramitas densamente cubiertas de hojas, cerca de 12 cm de largo, alternas, cuspidadas, lineales, glabras, lustrosas por encima. Sus flores son grandes, amarillas, en cimas pobres o solitarias, axilares, de pedúnculo corto, pedicelos de 2 cm de largo; cáliz de 5 sépalos óvalo-lanceolados, los lóbulos oblongos. Su fruto es una drupa globosa con 2 a 4 semillas alargadas transversalmente.

Todas las partes de la planta contienen los glucósidos tevetina y nerifolina y otros similares, presentes principalmente en la semilla (1).

La pepita de la semilla es un poderoso emeto-catártico.

La savia de la planta puede producir una fuerte irritación de la piel y los ojos (2).

Las semillas poseen la reputación de ser altamente venenosas y han sido usadas para suicidios y homicidios (3).

Los primeros síntomas que se presentan son los vómitos. Luego la respiración se torna rápida. Aparece entonces un estado de tranquilidad, disminuyéndose la salivación. La respiración continúa en aumento (3).

No hay señales de movimiento y sobreviene la muerte finalmente por fallo cardíaco. Los síntomas de este envenenamiento pueden dividirse en tres etapas: (a) excitación, (b) depresión y (c) parálisis.

Se sugiere que se efectúe el análisis de electrocardiogramas del paciente de modo que se pueda determinar la correcta terapia (4).

REFERENCIAS

1. Lewis, Walter H. and Memory P.F. Elvin-Lewis, "Thevetia peruviana", *Medical Botany Plants Affecting Man's Health*, John Wiley & Sons, New York, 1977, p. 52.
2. Perkins, Kent D. and Willard W. Payne. "Thevetia peruviana", *Guide to the Poisonous and Irritant Plants of Florida*. Gainesville, Florida: Inst. of Food and Agric. Sc., Univ. Florida, 1978, p. 50.
3. Chopra, R.N., R.L. Badwar and S. Ghosch. *Poisonous Plants of India*, "Thevetia peruviana", India Council of Agric. Research, 1965, v.I, p. 566.
4. Lampe, Kenneth F. and Rune Fagerström. "Thevetia peruviana, Symptoms, Treatment", *Plant Toxicity and Dermatitis, A Manual for Physicians*, Baltimore: The Williams & Wilkins Company, 1968, p. 88.

CABELLO DE ANGEL

RANUNCULACEAE

Clematis dioica L.
Traveler's Joy, Virginia Bower

Planta trepadora silvestre, común en terrenos montañosos y matorrales, cerca de áreas húmedas, ríos y arroyos. Se encuentra también en las demás Antillas y en la América tropical continental. Vive sostenida sobre otros vegetales. Las hojas son de peciolo largo, opuestas, con hojuelas de 3 a 6 cm de largo, enteras o sublobadas, óvalas, óvalo oblongas u óvalo lanceoladas, base subacorazonadas y pediceladas.

Sus flores son blanco-verdosas, perigoniales en panojas esparcidas. Su fruto consiste en numerosos aquenios sésiles pequeños, aproximadamente de 5 mm de largo.

Muchas de las especies se encuentran en el noroeste de los Estados Unidos y en el sureste de Canadá. Ninguna de estas especies tiene referencias como tóxicas al ganado, pero sí tienen reputación como plantas desagradables. Aun así, el género tiene reputación como tóxico. Se sospecha que varias especies no oriundas de Norte América han producido muertes al ganado en otros países. Las primeras referencias en la literatura revelan fracciones de extracciones alcaloidales, glucosídicas y de saponidas obtenidas de varias especies (1).

El jugo celular es vesicante. De la relación de las plantas del género *Clematis*, es muy probable que algunas o todas las especies que contienen protoanemoninas o un compuesto químico similar, sean venenosas al ganado (1).

El contacto prolongado con esta planta produce dermatitis (2). En casos severos se produce una fuerte acción vesicante y dolor quemante. Los compuestos volátiles producen un fuerte efecto irritante a las membranas mucosas de los ojos, la nariz y al tracto respiratorio.

Al tomarse al interior una preparación de la planta, se produce una sensación quemante en la boca y la faringe, salivación copiosa y estomatitis con ampollas y ulceración. Le siguen vómitos, gastroenteritis espasmódica dolorosa y diarrea sanguinolenta (3).

Los compuestos químicos se eliminan por los riñones, produciéndose irritación del tracto urinario y como resultado hematuria y considerable dolor uretral.

Se sugiere que se efectúe el lavado gástrico lo más pronto posible pero con mucho cuidado debido a las propiedades destructoras de la protoanemonina. Al final del lavado deben darse demulcentes, ej: clara de huevo y leche, echadas poco a poco al estómago. Deben establecerse medidas adecuadas para evitar la pérdida de líquido y electrólitos. Deben evaluarse las funciones renales y emplear las medidas pertinentes (4) para mejorar sus funciones.

REFERENCIAS

1. Kingsbury, John M., "Clematis sps. Virgins-bower, travellers joy", *Poisonous Plants of the United States and Canada.* Englewood Cliffs, N.J.: Prentice-Hall, 1964, pp. 130-131.

2. Lampe, Kenneth F. and Rune Fagerström. "a. Protoanemonin Group, *Clematis sps. Symptoms". Plant Toxicity and Dermatitis. A Manual for Physicians.* Baltimore: The Williams and Wilkins Company, 1968, p. 40.

3. Lampe, Kenneth F. and Rune Fagerström. "Symptoms", *Plant Toxicity and Dermatitis. A Manual for Physicians.* Baltimore: The Williams and Wilkins Company, 1968, pp. 40-41.

4. Lampe, Kenneth F. and Rune Fagerström. "Treatment", *Plant Toxicity and Dermatitis. A Manual for Physicians.* Baltimore: The Williams and Wilkins Company, 1968, p. 41.

CACHIMBO

APOCYNACEAE

Rauvolfia nitida Jacq.
Cachimbo, palo amargo, muñeco
Milk bush.

Arbol lampiño, de ramitas engrosadas en los nudos, por lo cual se le da el nombre de cachimbo. Crece con preferencia en terrenos arenosos y en colinas cercanas a las costas en terrenos de poca o mediana elevación, a una altura de 3 a 10 m.

Sus hojas miden de 10 a 12 cm de largo, en verticilos de 3, corto pecioladas, elíptico oblongas, lustrosas, lampiñas, arquivenosas cerca del margen. Sus flores son pequeñas, corola de 8 mm de diámetro, blancas en cimas axilares y terminales; cáliz menor que el pedicelo, en forma de campana, 5 lobado; corola 4 veces mayor que el cáliz; el fruto es una drupa de aproximadamente 1 cm en forma de riñón, color morada.

Se han aislado los alcaloides reserpina, rescinamina y reserpidina de un extracto de la raíz y otros dos de menor importancia (1). Se han separado tres alcaloides de la hoja (2).

La savia lechosa de la planta produce irritación de la piel (3) y al interior causa una gran irritación gastrointestinal (3).

Los alcaloides se han estado usando en la medicina actualmente para bajar la presión arterial (4).

Los síntomas fundamentales de la toxicidad del cachimbo y sus alcaloides incluyen somnolencia, pesadillas, bradicardia, salivación excesiva, vasodilatación cutánea, náuseas y diarreas. Se produce también una secreción gástrica excesiva. El síntoma de seriedad que se presenta es la depresión del paciente, que requiere hospitalización o terapia electroconvulsiva (4).

Si los síntomas no se han presentado en toda su amplitud e intensidad, se sugiere el lavado del estómago lo más pronto posible. Se ha indicado el uso de solución de permanganato de potasio (1-10,000) para inactivar los alcaloides que han penetrado en el tracto gastrointestinal. Se sugieren tratamiento sintomático y medidas de soporte, ej., respiración artificial con oxígeno y otras (5).

REFERENCIA

1. Amer, Mohamed A. and William E. Court, "Alkaloids of *Rauvolfia nitida* root bark", *Phytochemistry*, 20 (11): 2569-73, 1981.
2. Salkin, Ralph; Norman Hasonsky and Robert Jaret. "Leaf alkaloids of *Rauvolfia nitida*", *J. Pharm. Sci.*, (50): 1038-41, 1961.
3. Mitchell, John and Arthur Rook. "Rauvolfia nitida", *Botanical Dermatology*. Vancouver: Greengrass, 1979, p. 106.
4. Goodman, Louis S. and Alfred Gilman, "Rauvolfia alkaloids", *The pharmacological Basis of Therapeutics, fifth edition*. New York: McMillan Publishing Co., 1970, pp. 167-169.
5. Lampe Kenneth F. and Rune Fagerström, "Plants Producing Cardiovascular Disturbances. Treatment", *Plant Toxicity and Dermatitis, A Manual for Physicians*. Baltimore, The Williams & Wilkins Co., 1968, p. 95.

CAMPANA DEL RIO

SOLANACEAE

Datura suaveolens Humb. & Bonpl. ex Willd.
Campana, floripondio, campana de Paris
Moon Plant

Arbusto de 3 a 4 m de alto, oriundo de Brasil, introducido y naturalizado en países tropicales y subtropicales. Se encuentra silvestre en Puerto Rico en las orillas de quebradas y ríos, a veces cultivado. Florece desde noviembre hasta febrero.

Sus hojas son alternas, pecioladas, óvalas u óvalo-oblondas, lampiñas, agudas, desiguales en la base, y su margen es entero, onduloso crespado. Sus flores son grandes, blancas, fragantes, amarillento-verdosas por fuera, y solitarias, axilares o en la bifurcación de las ramitas, colgantes y con pedúnculo del largo del peciolo. Su corola es triple mayor que el cáliz, tubular embudada, estriada, el limbo crespado, 5 dentado. Su fruto es una cápsula bicelular.

Todas las partes de la planta, especialmente las hojas y las semillas, contienen los alcaloides, hiosciamina, atropina e hioscina (escopolamina), (1), (2) principalmente.

Las hojas frescas machacadas se han usado localmente contra los dolores de las úlceras gástricas, los sabañones y en las quemaduras no ulceradas. Las hojas secas se han empleado en forma de cigarrillos de papel contra el asma. No debe usarse al interior debido a los efectos perjudiciales al organismo.

Produce sed, dilatación de la pupila, enrojecimiento de la piel, dolor de cabeza, alucinaciones, náuseas, aceleración del pulso, alta presión, delirio, convulsiones, un estado de coma que puede seguir con la muerte (1).

Debe efectuarse el lavado del estómago debido a que los alcaloides de esta planta se absorben rápidamente y efectúan su toxicidad. El tubo debe lubricarse adecuadamente debido a la sequedad producida en la faringe. Debe emplearse la medicación colinérgica para contrarrestar la sequedad de la boca y la taquicardia. Se sugieren barbitúricos para controlar las convulsiones y aminorar la excitación. Las fenotiazinas se han empleado al efecto. La temperatura del medioambiente debe ser baja para compensar la temperatura del cuerpo. Debe observarse la posibilidad de la retención urinaria (3).

REFERENCIAS

1. Hardín James W., y Jay M. Arena, "Datura suaveolens H.& B", *Human Poisoning from native and Cultivated Plants*, Second edition. Durham, N.C.: Duke University Press, 1974, pp. 137-138.

2. Watt, John Mitchell; María Gerdina Breyer—Brandulijk, "Datura sauveolens", *The Medicinal and Poisonous Plants of Southern and Eastern Africa*. Edinburgh and London: E.&S. Livingstone, 1962, p. 961.

3. Lampe, Kenneth F. and Rune Fagerström. "Atropine Containing Plants. Treatment", *Plant Toxicity and Dermatitis. A Manual for Physicians*. Baltimore: The William & Wilkins Company, 1968, p. 126.

CANARIO

APOCYNACEAE

Allamanda cathartica L.
Alamanda, cautiva
Allamanda

Arbusto trepador que se extiende de 2 a 3 m, cultivado en jardines como ornamental.

Sus hojas son verticiladas en grupos de 3 a 4 ó las superiores opuestas, oblongadas u oblanceoladas, subcartáceas, cortamente pecioladas de 5 a 12 cm de largo, lampiñas en la cara superior, pelosas en las venas más fuertes del envés. Las flores grandes, amarillas, en racimos terminales, corola de 8 cm de diámetro; pedúnculo mayor que los pedicelos, estos son bracteolas escamosas al pie; cáliz 18 mm de largo con sépalos lanceolado oblongos. Su fruto es una cápsula espinosa, suborbicular comprimida, de 4 a 6 cm de ancho, las espinas de 7 a 15 mm de largo; semillas comprimidas, marginales o aladas.

El canario grande, conocido también como "amor sin celos" (*A. cathartica* var. *hendersoni*) es una forma glabra, de hojas coriáceas y flores grandes, de 10 a 12 cm de diámetro.

El conocido con el nombre de cautiva (*A. Neriifolia*) es un arbusto erguido cerca de 1 m de alto o medio trepado: hojas en verticilos de 2 a 5, elípticas u oblongas, de 7 a 12 cm de largo, acuminadas, corto pecioladas. Las flores son amarillas, de 5 a 8 cm de largo y cerca de 3 cm de diámetro, con franjas pardo-rojizas al interior, tubo de la flor inflado y color verdoso en la base. No es común como las especies anteriores.

El canario morado (*A. violacea*) es similar al canario amarillo, de tallo un poco más delgado, con las flores en pares y la corola rojo-purpúrea, de limbo más pequeño, de 5 a 6.5 cm de diámetro.

Las hojas y las raíces contienen los glucósidos cardíacos plumieridin, y otros compuestos químicos (1), (2). En el tallo se encuentran otros compuestos similares (2), (3), (4).

Las hojas, la corteza, las flores y las semillas se han empleado en forma de infusión como purgativo fuerte. Sin embargo, no deben usarse debido a su poderosa acción catártica. Pueden producirse disturbios gastrointestinales indeseables.

El látex que brota mediante la rotura de los varios órganos de la planta puede producir fuerte dermatitis (5).

Se sugiere el tratamiento sintomático si se presentaran los efectos indicados.

REFERENCIAS

1. *Chem. Abs,* (76): 89992, 1972. "Constituents of Allamanda cathartica", Jervens, K.A., H. Manchanda and A.V. Castillo. *Asian J. Pharm.*, 2 (1): 5-8 y 10, 1971.

2. *Chem. Abs,* (74): 1026c, 1971. Pai, Bantral R. and U. Rao Ramdas. "Isolation of plumericin and isoplumericin from Allamanda cathartica", *Indian J. Chem.*, 8 (9): 851, 1970.

3. Gupta C. Bhagirah Singh and D.S. Bahakuni. Medical Plants II Steroids and Triterpenes from "Alangium lamarkii, Allamanda caharthica, Abrus precatorius and Holoptelea integrifolia", *Phytochemistry*, 8 (4): 791-2, 1969.

4. *Chem. Abs,* (81): 91389v, 1974. "Isolation and Structural elucidation of Allamadin, an antileukemic indoid lactone from Allamanda cathartica," Nupehan K.; S. Morris, Albert F. Dessertine, Bruce T. Blaylock and Robert F. Bryan, *J. Org. Chem.*, 39 (12): 2477, 1974.

5. Mitchell, John and Arthur Rook. "Allamanda cathartica", *Botanical Dermatology Plant and Plant Products Injurious to the Skin.* Vancouver: Greengrass, 1979, p. 101.

CANARIO MORADO FALSO

ASCLEPIADACEAE

Cryptostegia grandiflora R. Br.
Bejuco de goma, bejuco de cuernos
Alamanda morada falsa
Purple allamanda, rubber vine.

Planta trepadora oriunda de las Indias Orientales, distribuida en las regiones tropicales del globo.

Crece adherida a verjas, árboles o a otros medios. Puede extenderse hasta 15 m. Puede crecer también libre de soportes en forma arbustosa con muchos tallos lisos hasta 2 m de alto, frágiles, de los cuales brota, al romperse, una secreción láctea.

Las hojas son opuestas, coriáceas, verde oscuro, ligeramente lustrosas, de 6 a 10 cm de largo y de 2 a 5 cm de ancho, bruscamente estrechas en la base. Sus flores son campanuladas, grandes, de 5 pétalos, de 3 a 6 cm de diámetro, de color púrpura pálido a intenso. Su fruto es una cápsula alargada, rígida y se presentan en pares unidas en la base con tallo pequeño con numerosas semillas.

Se han aislado varios glucósidos cardíacos de las hojas y el tallo, principalmente los cripto-grandósidos A y el B. (1) Los síntomas fundamentales de su toxicidad son la arritmia, marcada bradicardia y un bloqueo sinoauricular. Se efectúa también un disturbio del ritmo atrial y taquicardia (2).

Las semillas de la fruta producen una gastroenteritis dolorosa, vómitos y diarrea. Como consecuencia también puede presentarse la muerte (3).

La secreción láctea de la planta produce dermatitis en la piel (4).

El tratamiento de la intoxicación es similar al de la digital (2).

REFERENCIAS

1. Everist, Selwyn L. "Cryptostegia grandiflora", *Poisonous plants of Australia.* Angus & Robertson, Sydney, Australia: 1974, p. 77.

2. Goodman, Louis John and Alfred Gilman. "Digitalis Intoxication", *The Pharmacologial Basis of Therapeutics,* 6th edition, New York: MacMillan Publishing Co., 1980, pp. 667-671.

3. Tampion, John. "Cryptostegia grandiflora R. Br.", *Dangerous Plants.* New York: Universe Books, 1977, p. 34.

4. Mitchell John and Arthur Rook, "Cryptostegia grandiflora", *Botanical Dermatology.* British Columbia, Canada: Greengrass, pp. 511-512.

CARDO SANTO

PAPAVERACEAE

Argemone mexicana L
Mexican poppy, Mexican thistle, prickly poppy

Planta herbácea, anual, silvestre, espinosa, de 3 a 6 dm de altura, que abunda más en los terrenos cultivados, muy conocida por la forma y color de sus hojas. Se la encuentra también en los lugares pedregosos de las islas del Caribe y en zonas templadas y tropicales del globo.

Crece cerca de 50 cm de alto, de color verde pálido, cubierta de un polvo blanco. Sus hojas son alternas, sésiles abrazadoras, óvalas, acorazonadas en la base y miden de 10 a 20 cm de largo. Sus flores son amarillas, con seis pétalos de 2 a 2.5 cm de ancho. Su fruto es una cápsula ovoidea de 4 a 5 cm de largo, espinoso también, unilocular con numerosas semillas.

Esta planta contiene varios alcaloides, principalmente protopina, berberina y sanguinarina (1). Se encuentra presente también una savia oleosa (2) que, además de alcaloides tóxicos, contiene varios compuestos orgánicos que producen dermatitis (3) y otros de menor importancia.

La savia oleosa (látex) posee propiedades corrosivas y se ha empleado externamente contra las verrugas y en varias condiciones ulcerosas. En forma de infusión la planta se ha usado como sedante de la tos y antiasmático. No se recomienda el uso interno debido a la toxicidad de los alcaloides (4).

Uno de los primeros síntomas de su envenenamiento es la presentación de un edema extendido (3), dilatación de los capilares que pudieran romperse, hidropesía epidérmica y pigmentación de la piel (5). Otros síntomas son diarreas, algunas veces vómitos, visión borrosa y estreñimiento en algunos pacientes (4).

Debe procederse lo más pronto posible al lavado del estómago o a la emesis. Proceda con el tratamiento sintomático y a medidas de soporte, ej: oxígeno, medicación cardiovascular y respiración artificial.

REFERENCIAS

1. *Chem. Abs.* (50): 4990 h, 1956. "Alkaloids of papaveraceae. VII Argemone mexicana". Slavikova, Leonora and Jiri Slavik (Masary Kova Univ., Brno, Czech.) *Chem. Listy* (49): 1546-9, 1955; CFCA. 1050e.
2. Santos, Alfredo C., y Pacífico Adkilen, "Alkaloids of Argemone mexicana", *Jour. Amer. Chem. Soc.*, (54): 2923-4, 1932.
3. Kingsbury, John M. "Argemone mexicana", *Poisonous Plants of the United States and Canada.* London: Prentice-Hall International, 1964, pp. 148-150.
4. Mitchell, John and Arthur Rook. "Argemone mexicana", *Botanical Dermatology,* British Columbia, Canada: Greengrass, 1979, p. 506.
5. Everist, Selwyn F., "Argemone mexicana". *Poisonous Plants of Australia.* Sydney, Australia: Angus and Robertson, 1974, pp. 397-399.

CARIAQUILLO

VERBENACEAE

Lantana camara L.
Cariaquillo
Red sage, yellow sage

Arbusto ramoso usado como ornamental. Es común en faldas de colinas y bosques, especialmente en terrenos calcáreos pedregosos. Crece en las demás Antillas mayores, Islas Vírgenes, Florida, Bermudas desde San Martín hasta Trinidad y Aruba y la América tropical continental.

Crece cerca de 1 m de alto con abundantes aguijones en las ramas adultas, aunque cortos y poco duros. Sus ramitas nuevas, tetrágonas e hirsutas. Sus hojas son opuestas, pecioladas, de 7 a 9 cm de largo, óvalas u óvalo-oblongas, estrechas en la base, aserradas, híspidas por encima, glabras o pubescentes por debajo. Sus flores son pequeñas, amarillas, sésiles, en cabezuelas, pendunculadas. Su fruto consiste en una drupa globosa, morada, de cerca de 4 mm diámetro.

Las hojas contienen una gran variedad de compuestos orgánicos, principalmente resinas, taninos, ácido láctico, 3-m oxiursolato, lancamarona, un esteroide cetónico, compuestos triterpénicos, el alcaloide lantanina y otros de menor importancia (1), (2), (3), (4), (5).

El alcaloide presente ha demostrado en perros una disminución en la presión sanguínea y una aceleración de la respiración. En ratas estimula el movimiento intestinal y una inhibición de la motilidad uterina. Se han observado también daño al hígado y gastroenteritis. (6), (8), (12), (13).

Los síntomas más corrientes de la intoxicación son: gastroenteritis intensa, vómitos, diarreas, debilidad muscular, cianosis, ictericia, midriasis, ataxia y colapso circulatorio. La respiración se torna lenta, laboriosa luego; coma y muerte. Los síntomas más agudos muestran semejanza al envenenamiento por atropina (7), (9), (10).

Al exterior, la planta produce dermatitis (11).

Deben instituirse el tratamiento sintomático y medidas de soporte. La magna de hidróxido de aluminio y magnesio debe usarse para eliminar la irritación gastrointestinal, una onza cada dos horas. La alimentación debe ser de líquidos y purés, si no se ha ingerido material sólido de la planta (9).

REFERENCIAS

1. Sastry, M.S. and V. Mahadevan. "Chemical Investigation of Lantana camara", *Current Sci.* (32): 71, 1963.
2. *Chem. Abst.* (54): 8905g, 1960. "Lancamarone", Nath. Sharma and Kailas Nath. Kaul. *Council of Scientific and industrial research* (820): 521, Sept. 23, 1959.
3. *Chem. Abs.* (77): 16193K, 1972. "Phytochemical study of Lantana camara, Terpenes and lactones II", Ahmed, Y-Z, F.; El- Mohazy Shoaib, AM.; Wassel, G.M.; El- Sayyad, S.M., (Pharm. Sci. Lab., Natl. Res. Cent., Cairo, UAR), *Planta Med.* 22 (1): 34-7, 1972.
4. *Chem. Abs.* (53): 652 h, I, 1959 "Isolation of a Keto steroid". Vishwa N. Sharma and Kailas N. Kaul, *Council of Scientific and industrial research,* (59): 418, July 12, 1959.
5. Barua, Arun K.; Chakrabarti, Paul; Sanyal, P.R., Das, Bhupeshchandra, "Triterpenoids XXXII, Structure of antic acid: a new triterpene from Lantana camara", (Bouse Inst., Calcutta, India), *J. Indian Chem. Soc.* 46 (1): 100-101, 1969.
6. A Sharaf and M. Naquib (Univ. Cairo) Egypt, "A pharmacological study of the Egyptian plant, Lantana camara", *Pharm. Bull.* (4116): 93-97, 1959.
7. Kingsbury, John M. "Lantana camara", *Poisonous Plants of the United States and Canada.* Englewood Cliffs, N.J.: Prentice-Hall, Inc., 1964, pp. 296-298.
8. Watt, John Mitchell and María Gerdina Breyer Branwijk. "Lantana camara" *The Medicinal and Poisonous Plants of Southern and Eastern Africa.* Edinburgh, London: E.&S. Livingstone, 1962, pp. 1049-1050.
9. Lampe, Kenneth F., and Rune Fagerström. "Lantana camara", *Plant Toxicity and Dermatitis, A Manual for Physicians,* Englewood Cliffs, NJ: Prentice-Hall, 1968, pp. 172-174.
10. Hardin James W., and Jay M. Arena. "Lantana camara", *Human Poisoning*

from Native and Cultivated Plants, 2nd ed., Durhaw, N.C.: Duke University Press, Durhaw, N.C. 1974, pp. 135-136.

11. Mitchell, John and Arthur Rook. "Lantana camara", *Botanical Dermatology*. British Columbia, Canada: Greenglass, 1979, p. 714.

12. *Chem. Abst* (77): 97498u, 1972. *Clinical and biochemical studies in "Lantana camara poisoning in rumiants"* Dwividi, S.K.; Shiunani, 6.A.; Joshi, H.C. *Indian J. Anim. Sci.* 41 (10): 948-53, 1971.

13. *Chem. Abst.* (77): 1545h, 1972, "Preliminary studies with crude lantadene, toxic principle of Lantana camara in albino rats." Uppal, R.P. and Paul, P.S. Haryana *Agri. Univ. J. Res.* 1 (2): 98-102, 1971.

CLAVELLINA

CAESALPINIACEAE

Caesalpinia pulcherrima (L.) Sw.
Barbados pride, doodle-do, dul-dul.

Arbusto muy cultivado en los países del trópico aunque se desconoce de dónde es oriundo. Muy común en patios y jardines como ornamental.

Crece de 2 a 3 m de alto, aguijonosa, lampiña con hojas alternas, sin estípulas, bipinadas, peciolo con espinas en la inserción de los peciolos secundarios. Sus hojuelas parípinadas, opuestas 8-10 pares, de 12 a 18 mm de largo. Sus flores se presentan en racimos terminales y axilares más cortos que las hojas, con 5 pétalos desiguales, obóvalos, amarillo y rojas en una variedad y, en otra, puramente amarillos con el margen crespado. Su fruto es uno legumbre sésil oblonga de 10 cm de larga, comprimida, bivalva con 6 a 10 semillas óvalas, comprimidas, amarillo pardas, 8 mm de largo.

Las hojas contienen una resina, ácido gálico, ácido benzoico y ácido cianhídrico. Se encuentra ácido tánico en las hojas, flores y frutas (1), (2). Son responsables de la toxicidad de este arbusto.

Todas las partes de la planta se consideran poderosos emenagogos capaces de producir aborto (3). Las hojas se han usado en Centro y Sur América para emborrachar los peces; y las semillas, para el envenenamiento de criminales (4).

Todas las partes de la planta, al ingerirse, producen una fuerte irritación gastrointestinal con náuseas, vómito y fuerte diarrea.

Se recomienda el uso de demulcentes, ej: leche o albúmina de huevo antes de iniciar el lavado gástrico. Puede seguirse nuevamente con el uso de más demulcentes. Esto aliviará la irritación gastrointestinal. Deben combatirse los vómitos y diarreas con la medicación adecuada. Si continuaran, deben tomarse medidas para evitar la deshidratación y el desbalance de electrólitos.

REFERENCIAS

1. Watt, John M. and M.G. Breyer-Brandwijk. "Caesalpinia pulcherrima", *Medical and Poisonous Plants of Eastern and Southern Africa*, 2nd. edition. Edinburgh: E.&S. Livingstone, 1962, p. 564.

2. Perkins Kent D. and Willard W. Payne. "Caesalpinia pulcherrima", *Guide to the Poisonous and Irritant Plants of Florida*, Gainsville, Fla.: Florida Cooperative Extension Service, p. 15.

3. Roig y Mesa, Juan Tomás. "Guacamaya, Caesalpinia pulcherrima", *Plantas Medicinales Aromáticas o Venenosas de Cuba*, v.I. La Habana: Serv. de Public. y Divulgación, Minist. Agric., Rep. de Cuba, 1945, pp. 38-40.

4. Lewis, Walter H. and Memory P.F. Elvin-Lewis. "Caesalpinia pulcherrima", *Medical Botany Plants Affecting Man's Health*. New York: John Wiley & Sons, 1977, p. 42.

Cojoba
Piptadenia peregrina

COJOBA

MIMOSACEAE

Piptadenia peregrina (L.) Benth.
Cojobana, cojobo, cojobillo

Arbol pequeño o de mediana estatura, que se encuentra en arboledas y laderas en la zona húmeda de la costa y en la base de las montañas. Se encuentra además en Dominica, San Vicente, Granada, Venezuela, Guayana Británica y en Brasil.

Se caracteriza por sus hojas bipinadas, plumosas, con hojuelas diminutas angostas. Sus flores son pequeñas, numerosas, aglomeradas en cabezuelas de color amarillo o blancuzco, cerca de 1 cm de diámetro; varias en racimos laterales con pedúnculo. Sus frutos consisten en vainas planas, delgadas, de color castaño, de 1 a varios decímetros de largo y cerca de 1 cm de ancho, con numerosas semillas redondeadas, achatadas, cerca de 1 cm de diámetro.

Los indios de Santo Domingo, Venezuela y secciones adyacentes de Brasil preparaban un rapé narcótico, llamado "cojoba", preparado con las semillas molidas y el cual usaban en ceremonias religiosas (1) de fuerte actividad alucinógena (2).

Las hojas contienen los alcaloides bufotenina y bufotenidina y varios derivados de la amina triptamina (3). Las hojas pulverizadas se han usado como alucinógenos, aspirándose con un tubo insertado en la nariz (4). Producen, además, euforia y excitación marcada en el organismo (4). Al administrarse un extracto alcaloidal de las hojas, se aumenta la presión arterial, se presenta taquicardia y un aumento anormal en el aumento y profundidad de la respiración (5).

A un paciente bajo la influencia de sustancias alucinógenas no se le debe permitir quedarse solo (6). Debe proveérsele un acompañante que lo entienda para que pueda dirigirle las experiencias psicóticas. Se sugiere el uso de barbitúricos para calmarle. Se debe referir a un psiquiatra para su evaluación.

REFERENCIAS

1. Little, Jr., Elbert L., Frank H. Wadsworth y José Marrero, Servicio Forestal, Depto. de Agric. de Estados Unidos. "Cojóbana, Piptadenia peregrina", *Arboles Comunes de Puerto Rico e Islas Vírgenes*, San Juan, P.R.: Editorial Universidad de Puerto Rico, 1967, p. 208.
2. Schultes, Richard E., y Albert Hofmann, "Datos históricos del uso de la Piptadenia peregrina como alucinógeno en la América del Sur..." *The Botany and Chemistry of Hallucinogens*. Springfield, Ill.: Charles C. Thomas, 1980, pp. 140-149.
3. Fish, M.S.; N.M. Johnson y E.C. Horning, "Piptadenia alkaloids, Indole bases of Piptadenia peregrina and related bases". *J.Am. Chem. Soc.*, (77): 5892-5, 1955.
4. Henker, G.A. y M.T. Huston. "Yopo, a South American snuff," *Can. Pharm. J.*, 83 (18): 8-9, 1950.
5. Alvarez, Pereira N., I.C. Marins; H. Moussatche "Some pharmacological studies on bufotenine and bufolenidine", *Rev. Brasil Biol.*, 23 (3): 211-22, 1963.
6. Lampe, Kenneth F. and Rune Fagerstrom. "Hallucinogen Producing Plants... Treatment". *Plant Toxicity and Dermatitis. A Manual For Physicians.* Baltimore: The Williams and Wilkins Company, 1968, p. 140.

COL AGRIA

POLYGONACEAE

Rumex crispus L.
Vinagrillo
Curled dock

Planta oriunda de los países del Viejo Mundo. Se la encuentra también en varias de las Antillas, en Santo Domingo, Bermudas, Guadalupe, Jamaica y países de la zona templada de Norte y Sur América.

Es una hierba vivaz, erguida, de 50 cm a 1 m de alto. Crece a la orilla de caminos, montañas y cerca de los ríos. Su tallo es delgado, hojas rizadas de margen ondeado. Las hojas inferiores son oblondas u oblongo-lanceoladas de 15 a 30 cm de largo, mientras que las superiores son estrechamente oblongas de 7 a 15 cm. Ambas tienen forma de corazón o son obtusas en su base. La inflorescencia se presenta en panículas más bien abiertas formada de racimos simples o compuestos. Sus flores son verdes y perfectas. Su fruto es un aquenio 3- angular, de 2 mm de largo, color pardo oscuro.

El principal compuesto químico tóxico es el oxalato de calcio, en cantidad apreciable (1) dependiendo de la estación, sitio, el terreno y otros factores. Otros constituyentes presentes son derivados de la antraquinona principalmente (2), (3).

El rumex se ha usado en enfermedades de la piel y en enfermedades cutáneas crónicas (4). Se ha cultivado como hortaliza, empleando las hojas en la alimentación humana. Se elimina el agua después de hervidas y así quedan las hojas libres de los compuestos tóxicos, pero muy sabrosas (5).

La planta causa dermatitis y disturbios gástricos (6).

La absorción de oxalatos tóxicos es rápida aunque las plantas se digieren lentamente. Por lo tanto el envenenamiento algunas veces tiene un curso prolongado. Generalmente las náuseas y el estupor son los primeros síntomas que se presentan. La gastroenteritis se presenta por lo general dos días después de haberse ingerido la planta y la acompañan vómitos y algunas veces diarreas sanguinolentas. El paciente puede desarrollar un estómago hinchado debido a la fermentación de material de planta sin digerir. El sueño y el dolor de cabeza pueden intensificarse y el coma o las convulsiones se presentan en casos de envenenamiento. Se presentan oliguria y oxaluria, menos corriente albuminaria y hematuria como señales de la deterioración renal (7).

Se sugiere primeramente el lavado gástrico (o la émesis) con leche o agua de cal, a menos que haya corrosión de la mucosa de la boca o del esófago. La terapia específica indicada, si hay síntomas de tétano, incluyendo convulsiones, es el empleo de calcio. Se le puede dar oralmente de 1 a 2 gr de cloruro de calcio en forma de solución al 5 porciento o grandes cantidades de leche. Si no hubiera daños renales, puede darse mucho líquido para evitar precipitación de oxalato de calcio en los glomérulos renales (7).

REFERENCIAS

1. Kingsbury, John M. "Plants which May Contain Dangerous Amounts of Soluble Oxalates", *Poisonous Plants of United States and Canada,* Englewood Cliffs, N.J.: Prentice-Hall, 1964, pp. 33-36.
2. Watt, John M. and María G. Breyer-Brandwyk, "Rumex crispus", *Medicinal and Poisonous Plants of Eastern and Southern Africa,* 2nd. Edition. Edinburg: E.& S. Livingstone, 1962, pp. 866-867.
3. Arias Raffo, J.J. and C.E. Molfino, "Phytochemical Study of the Root of R. Crispus", *Rev. Farm.*, Buenos Aires, (104): 151-5, 1962.
4. Roig y Mesa, Juan Tomás. "Yerba mulata, Rumex crispus", *Plantas Medicinales, Aromáticas o Venenosas de Cuba,* t. II. La Habana: Pub. Técnicas, Minist. de Agric., Repúb. de Cuba, 1945, p. 724.
5. Font Quer, Dr. Pío, "Acedera, Rumex acetosa", *Plantas Medicinales, El Dioscórides Renovado.* Madrid: Editorial Labor, 1962, p. 141.
6. Mitchell, John and Arthur Rook. "Rumex", *Botanical Dermatology, Plants and Plant Products Injurious the Skin.* Vancouver: Greengrass, 1979, p. 541.
7. Lampe, Kennex F. and Rune Fagerström. "Oxalic acid Group, Symptoms, Treatment", *Plant Toxicity and Dermatitis. A Manual for Physicians.* Baltimore: The Williams & Wilkins Company, 1968, pp. 78-79.

COPA DE ORO

SOLANACEAE

Solandra grandiflora Sw.
Bejuco de peo
Chalice vine, golden chalice, trumpet flower

Planta trepadora nativa de Puerto Rico, las Indias Occidentales y la América continental tropical.

Crece sobre las verjas hasta 10 m o más, lampiña y con las ramas robustas. Sus hojas son alternas, pecioladas, cuneado-obovadas. Sus flores son grandes, solitarias o en cimas axilares; corola campanulada, embudada o tubular, color amarillo brillante. Su fruto es una cápsula con 1 a 2 semillas en cada celda.

En sus raíces se encuentra la mayor cantidad de alcaloides: atropina, hiosciamina, hioscina y otros del mismo grupo. Se encuentran también otros del grupo de la solanina (1).

Los síntomas de la intoxicación son, pues, de ambos grupos, midriasis, hiperpirexia, delirio, suspensión de secreciones, principalmente. Pueden aparecer, además, irritación gastrointestinal, dolor de cabeza y una depresión general.

Si no han aparecido los síntomas de la irritación gastrointestinal, con el fin de eliminar otros constituyentes tóxicos, se sugiere el lavado intestinal o la emesis. Con el fin de contrarrestar la irritación gastrointestinal que se haya presentado, se sugiere el uso de demulcentes, ej. albúmina de huevo y la suspensión de hidróxido, aluminio y magnesio. El dolor puede calmarse con analgésicos.

Puede instituirse medicación colinérgica para bloquear el efecto del parasimpático y eliminar la sequedad de la boca y la taquicardia.

Posiblemente se requieren barbitúricos para evitar convulsiones y reducir excitación (2).

REFERENCIAS

1. Evans, W.C., Channi A. and Wolley Vale. "Alkaloids of Solandra species", *J. Phytochemistry II* (1), 470-2 (1972).

2. Lampe, Kenneth F. and Rune Fagerström. "Solandra, sps", and "Datura alkaloids", *Plant Toxicity and Dermatitis, A Manual for Physicians.* Baltimore: The Williams and Wilkins Company, 1968, pp. 72 y 121.

CUNDEAMOR

CUCURBITACEAE

Momordica charantia L.
Wild balsam apple

Es una planta trepadora silvestre, muy común en Puerto Rico en terrenos yermos y cultivados. Nativa del Viejo Mundo, se encuentra también en los otros países del Caribe, en la América tropical continental y en los demás países tropicales del globo. Crece adherida a las cercas y a la vegetación.

Sus hojas son alternas, de 4 a 6 cm de largo; largo pecioladas, pubescentes, 5 a 7 lobadas, con los lóbulos sinuosos, distante dentados; zarcillos laterales simples. Sus flores son amarillas, solitarias, axilares, con pedúnculo largo, mayor que el pecíolo filiforme, con una bráctea abrazadora foliácea redonda o acorazonada más abajo del medio. Posee 5 pétalos ovado oblongos doble mayor que el cáliz. Su fruto es amarillo o anaranjado, de 3 a 5 cm de largo ovoide elíptico, con irregularidades en forma de verrugas, dehiscente, agudo en ambos extremos. Sus semillas son planas ovaladas, cubiertas de una película roja.

Todas las partes de la planta contienen los glucósidos triterpenos (1) momordicin alfa y beta (1); momordina, una lectina tóxica; el alcaloide momordicina (2), (3), (4); saponinas, un aceite fijo y charantina, una sustancia hipoglucémica (5), (6), (7).

Las hojas del cundeamor se han usado en el tratamiento de la diabetes (12) y como estomáquico contra cólicos gastrointestinales (2). Las raíces se han empleado como purgativas y afrodisíacas; en dosis mayores como abortivas (2).

Al exterior las hojas se han empleado contra infecciones de la piel, en eccemas, úlceras y otras condiciones similares.

Las hojas, semillas y la porción anaranjada de la fruta (no la pulpa) al ingerirse producen una fuerte irritación gastrointestinal, acompañada mayormente de vómitos y diarreas (9).

Las semillas contienen una hemaglutinina y un inhibidor de la síntesis de las proteínas (10).

Debido a que las saponinas producen irritación de las paredes gastrointestinales, se sugiere el uso de demulcentes (ej: clara de huevo u otro). Debe tratarse de evitar la deshidratación. Si no hay vómitos marcados, se recomienda el lavado gástrico. La dieta debe consistir en líquidos y purés al segundo o tercer día. Debe seguirse hasta que los síntomas hayan aminorado (11).

REFERENCIAS

1. *Chem, Abs.*, (93): 235146m, 1980. "Studies on the constituents of Momordica charantia L.", Okabe, Hikari; Miyahara, Yumi; Yamauchi, Tatsno; Miyahara Kasumoto; and Toshio Kaivasaki, (Fac. Pharm. Sci., Fukuoka Univ., Fukuoka, Japan).
   Chem. Pharm. Bull. 28 (9): 2753-62, 1980.
2. Vélez-Salas, Francisco. "Additional note on the antimalarial cundeamor", *Rev. Farm.* (Buenos Aires) (86): 512-14, 1944.
3. Everist, Selwyn L., "Momordica balsamina L. ...and M. charantia L.", *Poisonous Plants of Australia.* Sydney, Australia: Angus and Robertson, p. 164.
4. *Chem. Abs.*, (90): 83627s, 1979. "Isolation of toxic and non toxic lectins from bitter pear melon M. charantia L.", Jung-Yaw; Hou Mei-Janei; Chen and Yon-Chang (Coll. Med., Natl Taiwan, Univ. Taipei, Taiwan), *Toxicon.* 16 (6): 653-60, 1978.
5. *Chem. Abs.*, (58): 9537 d., 1963. "Note on a hypoglycemic principle isolated from the fruits of M. charantia", M.M. Lotlikar and M.R. Rajaramakao, (Univ. Bombay). *J. Univ. Bombay* (29): 223-4, 1960-61.
6. *Chem. Abs.*, (63): 8444h, 1965. "Sterol glycoside and a new stigmastadienol from M. charantia". Wollgang Sacrow. (Techn, Univ., Berlin) *Tetrahedron Letters.* (26): 2217-21, 1965.
7. *Chem. Abs.*, (65): 14300, 1966. "Pharmacology of a hypoglycemic principle isolated from the fruits of M. charantia L.", Mrs. M.M. Lotlikar and M.R. Rajarama Raio (Univ. Bombay) *Indian J. Pharm* 28 (5): 129-133, 1966.
9. Kingsbury, John M., *Poisonous Plants of United States and Canada.* Englewood Cliffs, N.J.: Prentice-Hall, 1964. p. 206.
10. *Chem. Abs.*, (93): 1120997r, 1980. "Studies on lectins isolated from... Momor-

dica charantia", Horejsi, V., M. Tisha J. Novotny, and J. Kocourek (Inst. Mol. Genet.m Czechoslovak Acad. Sci., 14220, Prague, 4, Czech). *Biophys. Acta,* 623 (2):439-448, 1980.

11. Lampe, Kenneth F., and Rune Fagerström. "Saponin Group... Treatment", *Plant Toxicity and Dermatitis, A Manual for Physicians.* Baltimore: The Williams & Wilkins Co., 1980. pp. 23-24.

12. Rivera, Gilberto. "Preliminary Chemical and Pharmacological Studies on Cundeamor M. charantia", *Am. J. Pharm.* 13:281-97, 1941.

Cupey
Clusia rosea

CUPEY

GUTTIFERAE

Clusia rosea Jacq.
Balsam fig., pitch apple

Arbol común en los bosques de las márgenes de los ríos y en las laderas, ascendiendo a veces a la región montañosa alta de Puerto Rico. Crece también en las demás Antillas Mayores, en las Islas Vírgenes y en la América tropical continental. Se usa como ornamental.

Crece cerca de 20 m de altura con diámetro cerca de 5 dm en el tronco. Se caracteriza por su copa amplia y densa, sus hojas opuestas muy gruesas, tiesas, coriáceas y obovadas, redondeadas o ligeramente hendidas en el ápice. Sus flores son vistosas, grandes y extendidas, cerca de 7 dm de diámetro con 6 a 8 pétalos obovados. Sus frutos consisten en cápsulas carnosas, casi redondas, aproximadamente de 5 cm de diámetro, color verde amarillento, con numerosas semillas distribuidas en una pulpa color rojo anaranjado.

El jugo celular y el látex de las hojas y la fruta son particularmente responsables de la toxicidad. Contienen un extenso número de compuestos orgánicos, muchos volátiles, otros fijos (1), (2), (3), (4). Muchos poseen una fuerte acción purgativa (5).

Pasados 20 a 40 minutos de haberse ingerido parte de la fruta o las hojas masticadas, comienzan a aparecer náuseas, vómitos, retortijones abdominales, diarreas y tenesmo (pujos). Se presenta sed intensa y sequedad de la boca después de los vómitos. El paciente puede presentar vértigos y letargo, así como deshidratación, midriasis, taquicardia, respiración rápida, algunas veces irregular, y otros síntomas (6).

Aunque se han informado casos fatales, el pronóstico no es desalentador. Los vómitos generalmente remueven el material ingerido. A menos que sean casos graves, el paciente requiere solamente soporte sintomático y descanso. Debe corregirse la deshidratación con líquidos y electrólitos.

Se sugiere que se dé a tomar solución de sulfato de magnesio para aminorar el envenenamiento. Debe suministrarse respiración artificial con oxígeno si fuese necesario (6).

REFERENCIAS

1. *Chem, Abs.*, (68): 19514w, 1968. "Brazilian Guttifera, X. Triterpene constituents of Clusia", Hugo Clemente de Araujo, J.R. Mahajan, Otto Richard Gottlieb y Mauro Taviera Magalhaes. *Ann. Acad. Brazil Cienc.* 38 (3-4): 429-430, 1966.

2. Chem. Abs., (84): 40767w, 1976. "Chemical constituents of some of the typical plants of Venezuela", *Int. Congress Essent. Oils.* [Pap] 6 th. 30-34, 1974. *Allured Publ.* Corp. Oak Park Ill.

3. Mathur, S.B., "Triterpenoid constituents of Clusia rosea", *Phytochemistry* II (4): 1513-14, 1972.

4. Dreyer, David L., "Xarathochymol from Clusia rosea", *Photochemistry*, v. 13, 28883-84, 1974.

5. Lewis, Walter H. and Memory P. F. Elvin-Lewis., "Clusia rosea (balsam apple)", *Medical Botany, Plants Affecting Man's Health.* New York: John Wiley & Sons, 1977. p. 34.

6. Lampe, Kenneth F. and Rule Fagerström. "Clusia rosea, Symptoms, Prognosis, Treatment. *Plant Toxicity and Dermatitis. A Manual for Physicians.* Baltimore: The Williams & Wilkins Co., 1968, pp. 46-47.

CHAMISCO

SOLANACEAE

Datura stramonium, L.
Estramonio, belladona del pobre
Jimsonweed, thorn apple

Es una planta anual que crece silvestre en áreas cultivadas o en sitios donde se echan desperdicios. Alcanza aproximadamente 1 m de altura. Su tallo es glabro y se divide en dos o tres ramas que, a su vez, se bifurcan y producen hojas alternas desiguales en la base, ovadas o acuminadas, con margen, sinuosodentadas.

Las flores son campanuladas y se desarrollan en las uniones de las ramas, con un pedicelo corto. Su corola es blanca, con cinco divisiones y el cáliz verde. La fruta es una cápsula erizada con numerosas espinas, las inferiores más cortas que las superiores. Las semillas son comprimidas, reniformes, negras y también pardo negruzcas.

Las hojas y los renuevos despiden un olor característico, de efectos somníferos.

Todos los órganos de esta planta, raíces, hojas, frutos y semillas contienen todos o varios de los alcaloides de la belladona (1), (2), (3). A estos alcaloides se deben las propiedades medicinales de la planta y su toxicidad. Deprimen las secreciones del organismo y son útiles para disminuir la secreción gástrica en caso de hiperacidez, secreción salivar, sudoración y la orina. Actúan también como sedantes y antiespasmódicos en casos de asma bronquial (4).

Al exterior se emplean en forma de pomada contra las inflamaciones.

Con las hojas disecadas se preparan cigarrillos que alivian los ahogos del asma.

Esta planta debe usarse con cautela, pues su uso excesivo o indebido puede causar intoxicación (5), aunque también depende de la idiosincrasia del individuo. Los síntomas incluyen, sed, disturbios en la visión (efecto midriátrico), la piel se enrojece y se observa hipersensibilidad del sistema nervioso. Algunos pacientes pueden presentar delirio, incoherencias y movimientos insensibles. La temperatura del organismo puede aumentar bastante y los latidos cardiacos ser débiles pero rápidos. Si el envenenamiento progresa, pueden presentarse convulsiones seguidas de coma y hasta puede producirse la muerte (5), (6).

Debe efectuarse el lavado del estómago lo más pronto y lo mejor posible, pues los alcaloides de esta planta se absorben rápidamente. Debido a la sequedad que producen de la taringe, el tubo debe estar bien lubricado (7).

No hay antídotos específicos disponibles. Puede usarse medicación colinérgica para aliviar la sequedad de la boca y la taquicardia. Los barbitúricos son útiles para controlar las convulsiones. Se han usado también las fenotiazinas.

REFERENCIAS

1. *Chemical Abstracts*, 88. (11-12): 71501s, 1978. "Alkaloids of Iranian Datura stramonium", Lalezri, I. (Sch, Phram, Univ. Tehran, Teheran, Iran) *Pazhoohandeh* (Tehran) (16): 118-23, 1977.

2. Watanabe M., "Constituents of Hembane and Stramonium in Japan", *J. Soc. Chem. Ind.* (25):744.

3. *Chemical Abstraet*, (97): 90147h, 1982. "Datura Stramonium lectin". Crowley, Goldstein, Jane F. and J. Irwin (Dept. Biol. Chem., Univ. Michigan, Ann Arbor, MI. 4810a USA)

4. Osol, Arthur; George E. Farrar. Jr., and Collaborators. "Datura stramonium", *The Dispensatory of the U.S.A.*, 24th. Edition. Philadelphia: J.B. Lippincott Co., 1947. pp. 1181-1183.

5. Kingsbury, John M. "Datura stramonium", *Poisonous Plant of United States and Canada.* New York: Prentice Hall, 1964. pp. 280-282.

6. Tampion, John., "Datura stramonium", *Dangerous Plants.* New York: Universe Books, 1977. p. 86.

7. Lampe, Kenneth F. and Rune Fagerström. "Atropine Containing Plants", *Plant Toxicity and Dermatitis. A Manual for Physicians.* The Williams and Wilkins Co., 1968. pp. 118-121.

DAMA DE DIA

SOLANACEAE

Cestrum diurnum L.
Day jessamine

Este arbusto se encuentra en las Antillas Occidentales, Florida (introducida) y México. Puede crecer hasta 5 m y se cultiva como ornamental de agradable fragancia en los patios y jardines.

Sus hojas son algo gruesas, persistentes, de forma oblonga o elíptica, de 4 a 6 cm de largo y de 2 a 3 cm de ancho, algunas veces obtusas o simplemente agudas, glabras, lustrosas en la superficie superior. Sus flores son blancas, de aroma agradable durante el día. Son sésiles y se presentan en racimos con pedúnculos axilares largos. Sus abundantes frutos son en forma de bayas moradas, muy favoritos de los pájaros.

Otra especie de esta planta, aunque no abundante, es la "dama de noche" (*C. nocturnum*), de hojas pecioladas, óvalas u ovalo-oblongas agudas y lampiñas. Sus flores son de color amarillo pálido y se presentan en grandes cimas flojas axilares y terminales con pedúnculos largos o racemiformes, cima mayor que la hoja. Su fruto es una baya ovoidea oblonga, blanca, con 1 a 3 semillas negras.

La fuerte fragancia que brota de las flores de estos arbustos ornamentales puede producir irritación de la nariz y garganta seguida de náuseas, mareos y dolor de cabeza (1), (2), (3).

Las hojas contienen en mayor cantidad dos grupos de alcaloides, menor cantidad en las flores. El primer grupo está constituido por la nicotina, nornicotina y otros de menor importancia. El segundo grupo de alcaloides está constituido por saponinas esteroidales (4), (5), (6), (7), y (8), (9).

Los síntomas principales de su toxicidad son alucinaciones, irritabilidad nerviosa y muscular marcada, taquicardia, temperatura alta, salivación y parálisis (10), (11).

El tratamiento consiste en efectuar lo más pronto posible el lavado del estómago con el fin de evitar absorción de varios compuestos tóxicos. Si se produce una gastroenteritis, se sugiere darle a tomar la suspensión de aluminio y magnesio, una onza cada dos horas. Una medicación colinérgica adecuada evita la taquicardia. Un barbitúrico adecuado aminoraría la irritabilidad nerviosa y muscular. Debe considerarse el uso de fenotiazinas (12).

REFERENCIAS

1. Mitchell, John and Arthur Rook., "Cestrum sps", *Botanical Dermatology Plants and Plant. Products Injurious to the Skin.* Vancouver, Canada: Greenglass, 1979, p. 649.
2. Morton, J.F., "Ornamental Plants with Poisonous Properties", *Proc. Florida Hort. Soc.,* (75): 484, 1962.
3. Morton, J.F., "Some Ornamental Plants Excreeting Respiratory Irritants", *Proc. Florida Hort. Soc.,* (82):415, 1969.
4. Oakes, A.J., and J.O. Butcher. "Cestrum sps", *Poisonous and Injurious Plants of the U.S.,* Virgin Islands: Misc. Pub. 882.
5. Halim, A.F., R.P. Collins and M.S. Berigari. "Alkaloids Produced by Cestrum nocturnum and C. diurnum", *Planta Medica,* 20 (1): 44-49, 1971. Univ. Connecticut, Storn, Conn.
6. Chackravarti, R.N., Datto Sibani and M.N. Mitra. "Yuccagenin from Cestrum nocturnum", *Chem. Abstract,* 1964 Vol. 61: 3413e, *Bull. Calcutta School of Trop Med.* 11 (2): 56-57, 1963.
7. Chakravarti, R.N., Datto Sibani and M.N. Mitra. "Tigogenin and Ursolic Acid from Cestrum diurnum", *J. Experientia* 20 (4): 200, 1964. *Chem. Abs.,* 59 7850b.
8. Chakravarti, R.N., Datto Sibani and M.N. Mitra. "Identification of the Saponins from Cestrum diurnum", *Bull. Calcutta School of Trop. Med.* (10): 123, 1962. *Chem. Abs.,* 55, 188885b.
9. Karawya, M.S., A.M. Rizk and Z.F. Ahmed, "Phytochemical Investigation of certain Cestrum species general analysis, lipids and triterpenoids", Pharm Sci Lab., Natt Res. Cent., Cairo, *Planta Medica,* 20 (4):363-367, 1971 (Eng.).
10. Kingsbury, John M., "Cestrum sps", *Poisonous Plants of the United States and*

Canada. New Jersey: Prentice Hall, 1964, p. 278.

11. Tampion, John, "Cestrum nocturnum", *Dangerous Plants*. New York: Universe Books, 1977, p. 19.

12. Lampe Kenneth F. and Rune Fagerström. "Atropine Containing Plants... Treatment" *Plant Toxicity and Dermatitis. A Manual for Physicians*. Baltimore: The Williams & Wilkins Co., 1968, p. 121.

ESQUELETO

EUPHORBIACEAE

Euphorbia tirucalli L.
Indian tree spurge, milk bush, pencil cactus

Arbol suculento oriundo del Sur de Africa, aclimatado a numerosas áreas tropicales y subtropicales del globo.

Crece de 5 a 10 m de alto con numerosas ramas irregulares libres de hojas. Las ramas pequeñas son de alrededor de 3 mm de diámetro. Posee invólucros en ramilletes en las divisiones de las ramillas con pedicelos cortos, generalmente femeninos, de lóbulos cortos peludos. Su fruto es una cápsula pequeña de cerca de 3 mm de diámetro.

Todas las partes de este árbol son muy frágiles y, al partirse, brota una fuerte cantidad de látex que contiene compuestos químicos sumamente irritantes a la piel y de acción carcinogénica al interior. Se encuentran presentes principalmente los ésteres del diterpeno forbol (1), (2).

El látex se ha usado extensamente para el envenenamiento de los peces. Los indios lo usaban como veneno en sus flechas. Se ha usado al exterior para la remoción de verrugas y otros crecimientos de tejidos (3), (4), (5).

El látex produce a menudo pérdida de la visión por varios días cuando penetra en alguna forma en los ojos (5), (6), (7). Esta es la euforbia que más irritación y tumores produce (8). Internamente produce una fuerte gastroenteritis (9), (10), (11).

Con el fin de aminorar la fuerte dermatitis e inflamación de la piel, deben usarse corticoides en combinación con analgésicos para combatir el dolor. Pueden ponerse compresas de agua fría en las áreas afectadas cada media hora. Si es posible, se debe lavar el área con alcohol y no con agua (6).

La queratoconjuntivitis puede aliviarse con el uso de colirios con el fin de remover el material vesicante. Puede instilarse una solución midriática seguida de una preparación oftálmica de corticoides (5).

Para el tratamiento de la gastroenteritis y efectos internos, si ocurriesen, véase la monografía de la "yautía blanca".

REFERENCIAS

1. Evans, F.J., C.J. Soper, "The tigliane, daphnane and ingenane diterpenes, their chemistry and biological activity. A review". *Jour of Nat. Products,* (41): 193, 1978.
2. *Chem. Abs.,* (96):17196y, 1982. "Terpenoids in energy plants", Nishimura, Hiruyuki, (Fac. Agric. Hakkardo Univ., Sappero, Japan), *Koryo,* 1980, (129): 9-20, 1980.
3. Galt, O.A. and J.W. Galt, "Peasant use of some wild plants on the Island of Pontelleria, Silicy", *Jour. Econ. Botany,* 32 (1): 24, 1978.
4. *Chem. Abs.,* (44): 4470d, 1950. "Interpenie compounds isolated from Euphobia latenes". Gopalachari R. and S. Siddiqui, (Counc. Sci. Ind. Research, Delhi). *J. Sci. Ind. Res.,* (India) 88 (12): 234-236, 1949.
5. Mitchell, John and Arthur Rook. "Euphorbia", *Botanical Dermatology, Plants Injurious to the Skin,* Vancouver, Canada: Greengrass, 1979. pp. 2, 62, 269-270, 272, 276, 278, 281 y 284.
6. Iverist, Selwyn R., "Euphorbia Tirucalli", *Poisonous Plants of Australia.* London: Angus and Robertson, 1974. p. 198.
7. Osol, Arthur and George E. Farrar, Jr., "Euphorbia", *The Dispensatory of the United States of America,* 24 th. ed., Philadelphia: J.B. Lippincott, 1947, p. 1449.
8. Roe, F.J.C. and W.E.H. Pierce. "Tumor promotion by Euphorbia latexes", *Cancer Research* (21): 340, 1961.
9. Rook A., "Plant Dermatitis", *Brit. Med. Jour.* (2): 1771, 1960.
10. Tampion, John., "Euphorbia spps", *Dangerous plants.* New York: Universe Books, 1977. p. 62.
11. Kinghorn A. Douglas., "Toxicological Information on Household Plants", *Toxic Plants.* New York: Columbia University Press, 1977. p. 125.

FILODENDRO

ARACEAE

Philodendron spp.

Género de plantas trepadoras de árboles de los trópicos de América, muchas ornamentales. Generalmente son de tallo leñoso, ramificados; el espacio entre los nudos es prolongado; hojas gruesas de forma ovada a oblongas, más o menos cordiformes o sagitados de margen entero, lobado; pecíolo cubierto; espata gruesa y persistente; espádice no excede a la espata.

Muchas de estas plantas se han estado usando como ornamentales, tanto al interior como al exterior. En Puerto Rico se encuentran varias plantas de este género. Entre éstas están la denominada "rascagarganta" (*P. angustatum*), la "yautía cimarrona" (*P. giganteum*), el "bejuco de calabaza" (*P. lingulatum*) y el denominado "paisaje" (*P. scandens*).

Todas estas plantas contienen cantidades variables de microcristales insolubles de oxalato de calcio, tanto simples como juntos, denominados rafidios. Todos están protegidos de un líquido mucilaginoso.

Si alguna porción de estas plantas se llevara a la boca, se produce una sensación quemante dolorosa (1). Si la cantidad fuese bastante, se presentan síntomas como en el caso de "rábano cimarrón" (Véase p. 130).

Se sugiere que el tratamiento siga las mismas normas que para esta planta mencionada (2).

REFERENCIAS

1. Lampe, Kenneth F. and Rune Fagerström. "Plants Producing Irritation primarily of the Mouth and Throat", *Plant Toxicity and Dermatitis. A Manual*

for Physicians. Baltimore: The Williams & Wilkins Co., 1968. p. 11.

2. *Idem*, "Symptoms, Treatment", p. 12.

FRIJOLILLO DE ÑAME

PAPILIONACEAE

Pachyrhizus erosus (L.) Urban
Habilla
Wild yam bean

Planta anual sarmentosa, pubescente en todas sus partes, nativa de las Antillas y de la América continental tropical, y distribuida por los trópicos. Se cultiva por sus raíces tuberosas comestibles particularmente en los montes y sitios frescos.

Esta enredadera crece de 1 a 2 m de largo, a menudo con grandes raíces tuberosas. Sus hojas son largo pecioladas con el peciolo estriado, hojuelas óvalas-deltoideas, angulosas, pubescentes por encima, su margen dentado, sus dientes terminan en una punta aleznada. Sus flores son azules o blancas tamaño regular de 2 cm con pedúnculo largo formando racimos axilares más largos que las hojas. Su fruto es una legumbre comprimida, recta, lineal oblonga, cerca de 10 cm de largo, con semillas redondeadas comprimidas.

Las semillas contienen, entre otros compuestos químicos tóxicos, saponina y rotenona (1), (2), (3), (4), (5). Se ha usado como veneno de peces y como insecticida (1), (6).

Comer estas habas o frijoles, como también se les llama, produce un efecto irritante local que se manifiesta por salivación, náuseas, vómitos, dolor abdominal y gastroenteritis (7). Se evidencia la absorción de las saponinas por el grado de hemólisis que hayan producido en el envenenamiento. El paciente manifiesta ansiedad y dolor de cabeza. Puede quejarse de fiebre y sed. Puede presentar también dilatación de la pupila y erupción del cutis (7).

Se sugiere el uso de demulcentes (ej: clara de huevo) para contrarrestar la irritación gastrointestinal manifestada por las náuseas y fuertes vómitos. El lavado gástrico puede efectuarse en ausencia de estos síntomas. Debe atenderse el balance electrólito en caso de vómito y diarreas. Al segundo día puede instituirse la dieta blanca con purés (7).

REFERENCIAS

1. Lewis, Walter H. and Memory P.F. Elvin - Lewis. "Pachyrhizus erosus", *Medical Botany Plants affecting Man's Health.* New York: John Wiley & Sons, 1977, p. 44.
2. *Chem. Abs.*, (73): 66388w, 1970. "Chem. Study of Indian yam bean. Isolation of two new rotenoids". Kristnamurti M., Y.R. Samky, and T.R. Seshadri, *Tetrahedron,* 26 (12): 3023-7, 1970.
3. Bula y Baker and E.V. Lynn. "Examination of the Seed of P. Erosus", *J. Am. Pharm. Assn.* (42): 117-118, 1973.
4. *Chem. Abs.*, (65): 4275g, 1966. "Chemical components of the yam beans, their evaluation and interrelation", Kristnamurti M. and T.R. Seshadri, *Current Sci.* (India) 35 (7): 167-169, 1966.
5. Shangraw, Ralph E. and E.V. Lynn., "The Saponins of P. erosus", *Jour Am. Pharm. Assn.* (44): 38-39, 1955.
6. *Chem. Abst.*, (37): 18059, 1943. "A preliminary report on the chemical. A new rotenone bearing plant", *Shui Lwen Hwang Kwangsi Agr.* (2): 269-278, 1942.
7. Lampe, Kenneth F. and Rune Fagerström. "Pachyrhizus erosus, Symptoms, Treatment", *Plant Toxicity and Dermatitis. A Manual for Physicians.* Baltimore: The Williams and Wilkins Co., 1968, pp. 22-23.

GLORIA DE LA MAÑANA

CONVOLVULACEAE

Ipomoea learii Paxton
Morning glory

Planta trepadora vivaz, ornamental, de flores atractivas, presente en los países tropicales y subtropicales.

Sus tallos son finamente pubescentes. Sus hojas son anchamente ovadas, de 6 a 10 cm de largo, acuminadas, base cordiforme, algunas veces trilobadas. Sus flores dispuestas en forma de racimos de cabezuelas de cinco o más, de 6 a 10 cm de ancho, color azul brillante, pero se tornan color rosa con el tiempo.

Las semillas contienen un grupo de compuestos químicos relacionados en sus efectos con el LSD., aunque su acción es mucho menos potente (1).

Los efectos tóxicos varían en intensidad de acuerdo con la persona. Se presentan náuseas, vómitos, diarreas, pánico, escalofríos, tensión muscular y hasta "schock". Los efectos pueden presentarse dentro de media a una hora y pueden durar de cinco a ocho horas. Puede presentarse a la vez confusión mental y emocional (2).

Se sugiere el tratamiento sintomático y el uso de la clorpromazina.

REFERENCIAS

1. Hardin, James W., and Jay M. Arena. "Morning Glory Family", *Human Poisoning from Native and Cultivated Plants,* 2nd. ed., Durham, NC.: Duke University Press, 1974, p. 133.

2. Perkins Kent D. and Willard W. Payne. "Ipomea violacea L.", *Guide to the Poisonous and Irritant Plants of Florida.* Gainesville, FLA.: University of Florida, 1978, p. 30.

HABA ANCHA

PAPILIONACEAE

Vicia faba L.
Broad bean, English bean, horse bean

Planta erguida glabra, probablemente oriunda del norte de Africa y del suroeste de Asia. No es muy común en Puerto Rico. Crece de 4 a 12 cm de alto, algunas veces de forma enana de 2 a 3 dm, con abundantes hojas, hojuelas de 1 a 3 pares, generalmente alternas, forma elíptica, ovaladas u oblongas, de 4 a 8 cm de largo; de 1 a varias flores en la axila en un pedúnculo muy corto, de 2 a 3 cm de largo; las flores color blanco opaco con grandes manchas púrpura. Su fruto es una vaina larga y gruesa, de 4 a 8 cm o más, con semillas muy comprimidas, angulares, 2 cm de anchas, color pardo, verde, púrpura o negras.

Esta haba contiene el glucósido vicin (1) y otros compuestos orgánicos (2), (3), (4), (5), (6).

Ingerir estas habas o inhalar el polen produce un malestar agudo conocido como "favismo". Es una reacción alérgica, resultado de una anemia hemolítica, condición que se produce principalmente en niños, con una mortalidad aproximadamente de 8 por ciento. Le acompaña la producción de una hepatitis aguda tóxica en humanos, aunque solamente algunas personas son susceptibles.

En Puerto Rico no hemos oído que se hayan dado casos de intoxicación con estas habas. Son frecuentes entre personas de la región del Mediterráneo, particularmente italianos, griegos semíticos, gente de color del Africa y Estados Unidos. Aquellos individuos que no manifiestan deficiencias en la encima glucosa 6-fosfato dihidrogenasa de los córpulos rojos pueden comer sin temor estas habas y aspirar el polen de sus flores (7), (8).

Los síntomas fundamentales incluyen dolor de cabeza, náuseas, vómitos, dolor abdominal, aumento de la temperatura. En casos avanzados se produce anemia hemolítica y colapso finalmente.

Se sugiere el lavado gástrico o la émesis. Si fuera necesario use transfusiones de sangre. Mantenga la orina alcalina.

REFERENCIAS

1. *Chem, Abst.*, (89):18109q, 1978. "Divicine and favism", Lin. Jung yaw, Lee Shing-Wan, Lin, Isung-I and Kuo-Hung Lin. *J. Chin. Biochem Soc.*, 6 (2):38-41, 1971.
2. *Chem. Abst.*, (102): 182475p, 1985. "Sterols, steryl esters and fatty acid in some Vicia fava seeds". Cerri, Ricardo, Francesco De Timone, Antonio Dini y Eliseo Romundo. *Biochem. Syst. Ecol.*, 13 (1): 11-13, 350. 1985.
3. *Chem. Abst.*, (102): 144808s, 1985. "Residues of Carbofuran and its metabolites in some crops", Dec. Jersy; Edward Czaplicki. *Proc., Nauk, Ochr. Rose* 25 (1): 111-126, 1983.
4. *Chem. Abst.*, (98): 120737r, 1983. "A Novel Method for quantitation of favisrn inducing agents in legumes", Chevion, Mardechai; Tikva Navok. *Anal. Biochem.* 128 (1): 152-158, 1983.
5. *Chem. Abst.*, (98): 14321r, 1983. "Endogenous plants hormones of the broad bean, Vicia fava". Dothe Wilfried and Sembdner, Guesnther, *Phytochem.* 21 (7):1798-1799, 1982.
6. Herrmann, Karl and Martin Woeldecke. "The Flavonol content of peas as influenced by variety and light and a note on the flavonol content of broad bean", *Jr. Sci Food Agric.*, 28 (4): 365-368, 1977.
7. Kingsbury, John M., "Vicia faba", *Poisonous Plants of the United States and Canada.* Englewood Cliffs, NJ.: Prentice-Hall, pp. 362-363.
8. Hardin, James W. and Jay M. Arena. "Vicia fava, Poisoning", *Human Poisoning from Native and Cultivated Plants,* 2nd. edition. Durham, NC.: Duke University Press, 1974, p. 89.

HELIOTROPO

BORAGINACEAE

Heliotropium spp.
Heliotrope

Crecen varias especies de esta planta en Puerto Rico. Unas cuantas son hierbas; otras, arbustos. Es muy conocido el heliotropo de jardín (H. arborescens), arbusto de flores muy olorosas. Puede alcanzar más de 1 m de alto; de hojas ovaladas u oblongo-lanceoladas, de 2 a 6 cm de largo, flores pequeñas, de 3 a 5 mm de largo, de colores variables, blancas a violetas o púrpuras.

Otras especies son la cotorrera de agua *(H. procumbens)* y el denominado rabo de alacrán (*H. angiospermum*).

Las semillas principalmente contienen alcaloides hepatóxicos, aunque estos se encuentran también en menos cantidad en otros órganos de estas plantas (1).

Las manifestaciones del envenenamiento con los alcaloides de estas plantas han sido estudiadas en detalle (2), (3).

REFERENCIAS

1. *Chem. Abst.*, (541): 22871c, 1960. "Chemical Study of the Seeds of Heliotrope", D.N. Sakhibov and Trudy, Faskent. *Farm. Inst.*, (1): 100-102, 1957.
2. Kingsbury, John M., "Heliotrope", *Poisonous Plants of the United States and Canada.* Englewood Cliffs, NJ.: Prentice-Hall, pp. 20 and 274-275.
3. Everist, Selwyn L., "Heliotrope Poisoning, Pyrrolizidine Alkaloids", "Toxicity, Symptons and Lesions", *Poisonous Plants of Australia.* Australia: Angus and Robertson, PTY LTD, pp. 29 y 92.

HIGUERETA

EUPHORBIACEAE

Ricinus communis L.
Ricino
Castor-oil plant, Palma Christi

Planta que crece silvestre, particularmente en sitios arenosos y húmedos, en las márgenes de los ríos o en sitios donde se echan desperdicios. Puede crecer hasta 10 m de altura. Su tallo es irregular, hueco, nudoso, de color verde o rojizo.

Las hojas son alternas de 40 cm de largo, palmeadas, de 5 a 12 lóbulos cerrados o dentados. El fruto consiste en una cápsula espinosa con tres semillas grisáceas, cuyo tamaño y color varían según la variedad de la planta.

Las semillas contienen una gran cantidad de aceite fijo, el llamado aceite de castor, laxante muy usado en la medicina. Contienen además un compuesto químico muy venenoso, una toxialbúmina denominada ricina que ha producido el envenenamiento de muchos niños que mastican las semillas y las ingieren (1).

Los síntomas de intoxicación comienzan a aparecer al comerse dos a tres semillas. Cinco a seis semillas son fatales para un niño y aproximadamente veinte para un adulto.

El efecto de la ricina en el tracto digestivo, hígado y los riñones es similar al de otras toxialbúminas. Los síntomas comienzan con una sensación quemante en la boca y la garganta aunque predomina una hemorragia gastrointestinal intensa. Se presentan también náuseas y vómitos, cólicos, sed intensa y algunas veces diarrea sanguinolenta. Sigue dolor de cabeza, vértigo y depresión. Se evidencia degeneración del hígado y daños renales.

Efectos más severos serían al corazón, hipotensión y colapso cardiaco.

Se sugiere que se efectúe el lavado gástrico con prontitud y se dé a tomar suspensión protectiva de subcarbonato de bismuto, trisilicato de magnesio u otra adecuada. Debe evitarse la deshidratación del organismo con la administración de electrólitos. Si el caso no ha sido fatal, debe protegerse el hígado con una dieta alta en hidratos de carbono.

Conviene informar que el aceite de castor se separa por la comprensión industrial de las semillas secas. El aceite se libra totalmente de la ricina y otras sustancias indeseables mediante lavados acuosos (2) y así se purifica para su uso en la medicina.

REFERENCIAS

1. Lampe, Kenneth F. and Rune Fagerström. "Ricinus communis, Toxicology, Symptoms, treatment", *Plant Toxicity and Dermatitis. A Manual for Physicians.* Baltimore: The Williams & Wilkins Company, 1968. pp. 62-64.

2. Osol, Arthur, George Farrar and Collaborators. "Castor Oil", *The Dispensatory of the United States of America,* 24th. ed., Philadelphia: J.B. Lippincott Company, 1947. pp. 237-240.

HORTENSIA

SAXIFRAGACEAE

Hydrangea macrophylla (Thun.) Ser.
Bella hortensia
Hydrangea

Arbusto ornamental, oriundo del Asia Oriental, cultivado en invernaderos y jardines por su belleza. Crece fuerte y firme hasta 20 dm o más de alto, glabra excepto en la inflorescencia. Sus hojas son elípticas o muy ancho-ovadas, de 6 a 12 cm de largo, acuminadas, de forma de cuña en la base y toscamente dentadas. Son de color verde pálido, algunas veces pubescentes, esparcidas en las venas por debajo. Sus flores son color rosa pálido o azules, rara vez blancas, en grandes cimas algo redondas, planas y libres de brácteas.

Las hojas contienen proantocianidinas (1), glucósidos del isocumarin (2), compuestos químicos fenólicos (4), el alcaloide febrifugina (3) principalmente. Otros más concurren en su acción tóxica (4), (5), (6).

Principales síntomas de su toxicidad: gastroenteritis dolorosa, diarreas, algunas veces acompañadas de sangre y náuseas (7). Produce también una persistente emesis (8), lo que puede causar deshidratación o fallo cardiaco.

El tratamiento es similar al que se sigue con el envenenamiento de cianuros. En casos graves la inhalación de nitrito de amilo se continúa con vomitivos o lavado del estómago y la inyección intravenosa de nitrito de sodio. Se usa una solución al 3 porciento, 2.5 a 5 ml por minuto, más tiosulfato de sodio, aproximadamente 50 ml de una solución al 25 porciento, I.V. Repítanse las inyecciones si persisten señales de toxicidad.

Si fuera necesario désele respiración artificial, oxígeno, calor, medicación para fortalecer el sistema vascular (ej. efedrina y otras medidas sintomáticas) (8).

REFERENCIAS

1. Bate-Smith, E.C., (Inst. Anim. Physiol.) ARC Babraham (Cambridge, Engl.) "Astringency of leaves, Part 2. Astringent tannins of Viburnum and Hydrangea species", *Phytochemistry* 17 (2): 267-270, 1978.

2. Suzuki, Hirozi, Ikeda Tsutomu, Matsumoto, Takashi, Masao, Nogruchi, (Cent. Res. Inst., Japan Tob & Salt Public Corp., Yokohama, Japan). "Isolation and identification of a new glycoside from Hydrangea seringe var. Thunbergü...)", *Agric. Biol. Chem.* 41 (9): 1815-1817, 1977.

3. Barringer, D.F. Jr.; G. Berkehammer and R.S. Wayne, "Stereochem of febrigugine...", Agric. Div., Am. Cyanamid Co., Princenton, N.J., *J. Org. Chem.* 38 (10): 1937-1940, 1973.

4. Sam Asen, A.W. Siegelman and N.W. Stuart, (U.S. (Dept. of Agric. Bettsville, Md.), "Anthocyanin and other phenolic compds. in H. macrophylla var. merveille", *Proc. Am. Soc. Hort. Sc.* (69): 361-369, 1957.

5. *Chem. Abs.*, (56): 1526b, 1962. "The partial elucidation of the structure of a new coumarin from H. macrophylla", B.A. Bohm, R.K.; Ibrahim and G.H.N. Toeweas, *Can. J. Biochem. and Physiol.* (39): 1389-1395, 1961.

6. Lewis, Walter H., and P.F. Memory. "Hydrangea", *Medical Botany*. New York: John Wiley & Sons, 1977, p. 46.

7. Anlandi, Frank, and Gordon, J. Morton and J.H. Williams. "An antimalarial alkaloid from Hydrangea II", "Isolation" Am. Cyanimid Co., Pearl River, N.Y., *J. Org. Chem.* (17): 14-18, 1952.

8. Lampe, Kenneth F. and Rune Fagerstrom. "Symptoms, Treatment", *Plant Toxicity and Dermatitis, a Manual for Physicians*. Baltimore: The Williams & Wilkins Company, Baltimore, 1968, p. 143.

ITAMO REAL

EUPHORBIACEAE

Pedilanthus tithymaloides (L.) Poit.
Ipecacuana
Fiddle flower, slipper plant

Planta oriunda de la América tropical, muy común en patios y jardines. Se encuentra también como ornamental para formar setos vivos y macizos.

Crece a una altura de 1 a 2 metros de alto. Su tallo es tenuemente estriado. Sus hojas son alternas, lampiñas, subsésiles, ovaladas u oblongas y el margen subondulado. Miden de 3.5 a 7 centímetros de largo, y su ápice es agudo o acuminado. Sus flores se presentan en cimas terminales densas. Su fruto es una cápsula de 7.5 mm de largo y aproximadamente 1 cm de ancho con semillas aovadas de 5 mm de longitud.

Contiene un grupo de compuestos químicos derivados (1). Las raíces contienen azafrín (2).

El jugo celular es cáustico, puede producir irritación, vesicación de la piel y conjuntivitis (3).

Las raíces y las semillas poseen propiedades eméticas bastante pronunciadas. Tres semillas en forma de emulsión son suficientes para promover vómitos abundantes y bastante repetidos (5).

Se recomienda que el paciente tome un buen demulcente, ej: leche o albúmina de huevo, y luego de varios minutos se procede al lavado del estómago. Puede darse una cantidad adicional del demulcente. Si el paciente repitiere los vómitos o las diarreas, se debe evitar la deshidratación y el desbalance de electrólitos (4). Debe procederse con la medicación intravenosa.

REFERENCIAS

1. *Chem. Abs.* (72): 97290s, 1970. "Terpenoids and related compounds, X Chemical investigation of P. tithymaloides", Misra, D.R. and H.N. Khastger, *J. Indian Chem. Soc.* 66 (9): 843-844, 1969.

2. Upadhyay, Rajir R. and Erich Hecker. "Azafrin from roots of P. tithymaloides", *Phytochemistry*, 13 (4):752-753, 1974.

3. Mitchell, John and Arthur Rook, "Pedilanthus tithymaloides", *Botanical Dermatology, Plant and Plant Products Injurious to the Skin.* Vancouver, Canada: Greengrass, 1979, p. 294.

4. Lampe, Kenneth F. and Rune Fagerström. "Pedilanthus tithymaloides, treatment", *Plant Toxicity and Dermatitis.* Baltimore: The Williams & Wilkins Co., 1968. pp. 48, 58.

5. Roig y Mesa, Juan Tomás. "Itamo real", *Plantas Medicinales, Aromáticas y Venenosas de Cuba.* La Habana: Ministerio de Agricultura, 1977. p. 385.

JABONCILLO

SAPINDACEAE

Sapindus saponaria L.
Saponaria, palo de jabón,
Soap tree, soap berry.

Arbol de 6 a 9 m de alto, muy distribuido en la América tropical. Se encuentra desde Méjico hasta Ecuador, en las Islas Galápagos, Perú, Argentina, Paraguay y Brasil. Crece en las zonas áridas de la costa de Puerto Rico.

Se caracteriza por sus hojas alternas, pinadas de 15 a 30 cm de largo, generalmente con 6 a 12 hojuelas en pares, elípticas a lanceoladas, verde mate, con un raquis verde, a menudo alado. Sus numerosas flores son pequeñas, blancuzcas, en racimos laterales grandes y ramificados. Su fruto es en forma de bayas globulares color castaño lustroso, de 1 a 2 cm de diámetro. Contienen una pulpa amarga de color amarillo y una semilla negra, redonda y venenosa.

Las semillas se han utilizado para atontar los peces en ríos y riachuelos y en la preparación de insecticidas.

La fruta contiene una saponina denominada hederagenina, taninos, resinas y grasas, entre otros compuestos orgánicos (1), (2).

Las saponinas constituyen las sustancias tóxicas. Producen daños celulares y modificación en la permeabilidad de los tejidos. Efectúan una fuerte gastroenteritis y sus efectos tóxicos pueden afectar las paredes intestinales y producir intoxicaciones sistémicas particularmente hemólisis eritrocítica. Se efectúa un aumento de la salivación, náuseas, emesis, y dolor abdominal. Si la intoxicación se acentúa, puede producir dolor de cabeza, fiebre y sed en el paciente. En fuertes envenenamientos aparecen midriasis, debilidad muscular e incoordinación, desórdenes circulatorios y convulsiones.

El tratamiento debe comenzarse con la administración de demulcentes, ej: albúmina de huevo. Debe efectuarse el lavado del estómago y seguir el tratamiento para la gastroenteritis y evitar la deshidratación (3), (4).

REFERENCIAS

1. Jacobs, W.A., "The Sapogenin occuring in Sapindus Saponaria L. and S. mukorosis: utilis", *J. Biol. Chem.* 64: 379-81 (1925)
2. *Chem. Abs.* (47):5075a, 1953. "Extraction and pharmacological investigation of the saponin from fruits of S. Saponaria", Nonato Espinoza, Alberta, *Anales Fac. Farm. y Bioquim.* (1): 637-641, 1950. Univ. Nac. Mayor San Marcos (Lima, Perú)
3. Lampe, Kenneth F., and Rune Fagerström. "Sapindus Saponaria, Symptoms", *Plant Toxicity and Dermatitis, A Manual for Physicians.* Baltimore: The Williams & Wilkins Co., 1968, p. 22
4. *Idem,* p. 23.

JAZMIN AMARILLO

LOGANIACEAE

Gelsemium sempervirens Ait. f.
Gelsemio, jazmín silvestre
Yellow jessamine, trumpet flower

Enredadera perenne, a veces trepadora, de tallo purpúreo, que puede extenderse hasta 7 m. Es oriunda del sureste de Estados Unidos y del este de Asia. Se encuentra a menudo como ornamental en cubiertas de verjas y jardines.

Sus hojas son opuestas, lanceoladas a ovado lanceoladas, de 2 a 10 cm de largo, corto pecioladas, brillosas en la parte superior. Su inflorescencia consiste en racimos axilares con flores dimorfas, de 1 a 6, color amarillo brillante, de 2 a 3 cm de largo en forma de embudo o de trompeta, abiertas durante toda la estación. Su fruto consiste en una cápula aplanada, de medio a un centímetro de largo con varias semillas en cada celda.

Sus constituyentes incluyen los alcaloides gelsemicin, de poderosa toxicidad, gelsemin, sempervirin, gelseminina y otros compuestos orgánicos de menos actividad venenosa, presentes mayormente en la raíz (1), (2).

Los síntomas principales de su envenenamiento incluyen caída de quijada, pupula dilatada, doble visión, debilidad muscular general, y prostración, temperatura del cuerpo baja, pulso lento y respiración dificultuosa (1).

Se debe proceder a vaciar y lavar el estómago. Debe mantenerse al paciente en descanso en posición horizontal, y su cuerpo, caliente. Debe darse al paciente estimulantes de la circulación; ej: preparados de la digital y un estimulante espinal, ej: un preparado de la estricnina u otro similar. Puede que sea necesaria la respiración artificial (1).

REFERENCIAS

1. Youngken, Heber W., "Gelsemium", *Textbook of Pharmacognosy,* Sixth edition. Philadelphia: The Blakiston Co., 1950, p. 656.
2. Muenscher, Walter Conrad. "Gelsemium sempervirens", *Poisonous Plants of the United States.* Revised edition. New York: Collier Books, A Division Of Macmillan, 1975, p. 190.

LECHECILLA

EUPHORBIACEAE

Euphorbia heterophylla L.
Acerca amor, leche vana
Wild poinsettia, Mexican fire-plant

Yerbajo común que se encuentra desde el sur de los Estados Unidos hasta las Antillas Occidentales, México y la América Continental Tropical.

Crece hasta 7 dm de alto, de hojas variables en tamaño y forma, desde ovadas o lineares, enteras sinuado-dentadas o de forma de violín, pecíolo delgado, invólucros pequeños con una o dos glándulas. Su fruto es una cápsula glabra o ligeramente pubescente, cerca de 5 mm de diámetro.

Se han separado de las hojas un compuesto químico y una resina, tóxicos (1), (2). La semilla contiene también otro compuesto químico, una lectina venenosa (3).

Las hojas, las frutas y el látex son venenosos y han causado muertes en niños. La resina presente en el látex produce emesis, fuerte acción purgativa y delirio previamente a la muerte (3). La savia lechosa es irritante y produce dermatitis (4).

Se sugiere el lavado del estómago lo más pronto posible. Si han aparecido los primeros síntomas, debe procederse al efecto. Deben instituirse medidas de soporte si fueran necesarias: respiración artificial con oxígeno, uso de soluciones intravenosas si se presagiara deshidratación y también otras medidas de soporte. Si los efectos de delirio continuaran o se intensificaran, debe someterse al paciente a medicación psiquiátrica (5).

REFERENCIAS

1. Watt, John M. and María Breyer-Brandwigk. "Euphorbia heterophylla", *Medicinal and Poisonous Plants of Eastern and Southern Africa*, 2nd. ed., Edinburgh: E. & S. Livingstone L.T.D., 1962, pp. 408-409.

2. *Chem. Abst.* (93): 110606e, 1980. "10-10-dimethyl 1-7 ona from E. heretophylla", Tiwari, K.P., P. Kumar and M. Massod, *J. Indian Chem.* Soc. 57 (3):350-351, 1980.

3. *Chem. Abst.* (99): 156629s, 1983. "Isolation and partial characterization of a lectin from E. heterophylla seeds", Usimba-Lubaki, Makuta; Willy J., Plumans and Albert R. Carlier, *Biochem J.* 215 (1): 141-145, 1983.

4. Mitchell, John and Arthur Rook. "Euphorbia heterophylla", *Botanical Dermatology*. Vancouver, Canada: Greengrass Pub., 1979, p. 275.

5. Lampe, Kenneth F. and Rune Fagerström. "Hallucinogen Producing Plants, Treatment", *Plant Toxicity and Dermatitis. A Manual for Physicians.* Baltimore: The Williams & Wilkins Co., 1968, p. 140.

LIRIO DE CALA

ARACEAE

Zantedeschia aethiopica (L) K. Spreng.
Calla lily, common calla, lily of the Nile

Planta ornamental oriunda del Cabo Natal en Africa del Sur y cultivada por su belleza en numerosos países templados y tropicales del globo.

Crece cerca de 5 dm de alto con hojas suaves verde brillantes ovado-acorazonadas cremoso, de 10 a 20 cm de largo, con lucido labio amplio y cúspide larga enconvada; espácide prominente pero más corto que la espata.

Todas las partes de esta planta contienen numerosos cristales de oxalato de calcio, bien en forma de agujas aciculares o en forma de haces (conjunto de aciculares) rodeados de un líquido mucilaginoso dentro de las células (1), (2). A estos haces de cristales se les denomina rafidios y, cuando los cristales aciculares que lo componen se desprenden en contacto con la saliva en la boca, producen una sensación quemante muy dolorosa. El contacto con la piel produce dermatitis (2). Se ha separado un alcaloide (3) de las hojas, tallo y flores.

Se produce un aumento de salivación fuerte, edema de la mucosa bucal, la lengua y el paladar. El habla se torna gruesa, difícil de distinguir y en casos avanzados puede ocurrir pérdida de la voz. El edema y el dolor pueden dar curso a inhabilidad para tragar.

Si el jugo celular penetra en la vista, puede producirse la opacidad permanente (4), (5).

El dolor intenso en la boca requiere el uso inmediato de un calmante. Se sugiere el lavado bucal con la suspensión de hidróxido de aluminio y magnesio, una onza cada dos horas. Si no se ha ingerido material de la planta, el paciente puede alimentarse con purés el segundo o tercer día y seguir con esta dieta hasta que los síntomas hayan desaparecido (5).

REFERENCIAS

1. *Chem. Abs.* (59): 11885g, 1963. "On the mineral and organic composition of the inflorescence of the cultivated Arum", Y., Christiane Lescient; J.L. Papin and Mircell Grandjean, *Ann. Physiol. Vegetale.* 5 (2): 167-73, 1963.

2. Mitchell, John and Arthur Rook. "Zantedeschia aethiopica", *Botanical Dermatology, Plants Injurious to the Skin.* Vancouver: Greengrass, 1979. p. 121.

3. *Chem. Abs.* (43): 1156g, 1949. "Etiopina, a nitrogenated organic base extracted from Calla (C. aethiopica)", José Carlomagno. *Rev. Univ. Natl.* (Cordova) (35): 211-214, 1948.

4. Watt, John Mitchell, María Gerdina Breyer Brandwijk. "Zantedeschia aethiopica", *The Medicinal and Poisonous Plants of Southern and Eastern Africa,* 2nd. edition. Edinburgh: E. & S. Livingstone L.T.D., 1962. pp. 115-116.

5. Lampe, Kenneth F. and Rune Fagerström. "Zantedeschia aethiopica", *Plant Toxicity and Dermatitis, A Manual for Physicians.* Baltimore: The Williams & Wilkins Co., 1968, pp. 12 and 18.

LIRIO TREPADOR

LILIACEAE

Gloriosa superba L.
Climbing lily

Lirio ornamental oriundo del Africa tropical que puede crecer hasta 10 dm o más, agarrándose en su crecimiento por medio de zarcillos, prolongaciones de sus hojas.

Sus hojas son opuestas, verticiladas o alternas, largas lanceoladas o estrechamente ovado-lanceoladas, aproximadamente 5 cm de largo y 2 cm de ancho. Sus flores solitarias, rojas o amarillas, y su fruto es una cápsula loculicida.

Se ha separado del bulbo un alcaloide de propiedades terapéuticas y tóxicas similar a la colchicina (1). Otros alcaloides de menor importancia participan también en la toxicidad de la planta (2).

El bulbo y los rizomas son bastante tóxicos. Producen una violenta emesis y propiedades abortivas (3) que causan la muerte dentro de varias horas (5). En sus comienzos producen adormecimiento de los labios, lengua y garganta, luego se presentan diarreas y vómitos, fuerte irritación de la boca y el estómago, dificultad de la respiración y convulsiones.

El tratamiento del envenenamiento debe dirigirse lo más pronto posible a evitar que se presente el "shock" en el paciente. Todas las demás medidas son puramente sintomáticas y de sostén. La atropina y la morfina son de utilidad para eliminar el dolor abdominal (5).

REFERENCIAS

1. Kingsbury, John M., "Gloriosa superba", *Poisonous Plants of United States and Canada.* Englewood Cliffs, NJ: Prentice-Hall, 1964. p. 453.

2. Lewis, Walter A. and P.F. Memory Elvin-Lewis, "Gloriosa superba", *Medical Botany: Plants affecting Man's Health.* New York: John Wiley & Sons, 1977, p. 60.

3. Hardin, James W. and Jay M. Arena. "Gloriosa superba", *Human Poisoning from Native and Cultivated Plants,* 2nd. edition. Durham, NC: Duke University Press, 1974, pp. 45-46.

4. Watt John M., and M.G. Breyer - Brandwijk. "Gloriosa suberba", *Medicinal and Poisonous Plants of Southern and Eastern Africa.* Edinburgh: E & S Livingstone, 1962, p. 707.

5. Goodman, Louis S., and Alfred Gilman editors, Gilman, Alfred G., George B. Koelle, Associate editors. "Cochicine, toxicity", *The Pharmacological Basis of Therapeutics,* 5th. edition. New York: MacMillan, p. 351.

LOMBRICERA

LOGANIACEAE

Spigelia anthelmia L.
Hierba de lombrices
Worm-grass, waterweed
Spigelia

Hierba silvestre, anual, común en los terrenos pantanosos y en campos yermos y cultivados en Puerto Rico y de amplia distribución en el trópico americano y Africa Tropical

Crece cerca de 30 cm, simple o ramificada; hojas opuestas, corto pecioladas, las superiores aproximadas simulando un verticilo de 4 hojas, son óvalo lanceoladas, de 10 a 12 cm de largo, sus flores son pequeñas, rosadas, unilaterales en espigas escorpioideas de 8 a 10 cm de largo, en racimos axilares de pocas flores, las inferiores distantes, cáliz ínfero, 5 partido, con sépalos lineares lanceolados, mitad del largo de la corola infundibular. El fruto es una cápsula libre o súpera, toda erizada, que se abre por una línea dorsal con numerosas semillas.

La raíz de la lombricera contiene el alcaloide espigelina que se ha usado en la medicina como antihelmíntico contra la lombriz corriente. Se ha empleado además corrientemente como analgésico en las neuralgias, gastralgias y como diurético.

Los síntomas fundamentales de su intoxicación son: vértigo, oscurecimiento de la visión, pupila dilatada, espasmos de los músculos faciales y de los párpados y las convulsiones tetánicas y paralizantes de la estricnina (1).

Si se sospechare que la lombricera fue la causante del envenenamiento y no han aparecido síntomas marcados del envenenamiento, puede procederse al lavado del estómago. Si han transcurrido más de dos horas y comienzan a aparecer síntomas, el facultativo debe considerar el tratamiento sintomático. Debe igualmente considerar medidas cardiovasculares y todas aquellas medidas que considere adecuadas (2).

REFERENCIAS

1. Roig y Mesa, Juan Tomás. "Yerba lombricera", *Plantas Medicinales Aromáticas o Venenosas de Cuba*, v. 2. La Habana: Ministerio de Agricultura, Servicio de Publicidad y Divulgación, 1945, pp. 716-717.

2. Grieve, Mrs. M., "Pink Root, Spigelia anthelmia", *A Modern Herbal*, 2 Vol., New York: Dover Publications, 1971. v. II, p. 638.

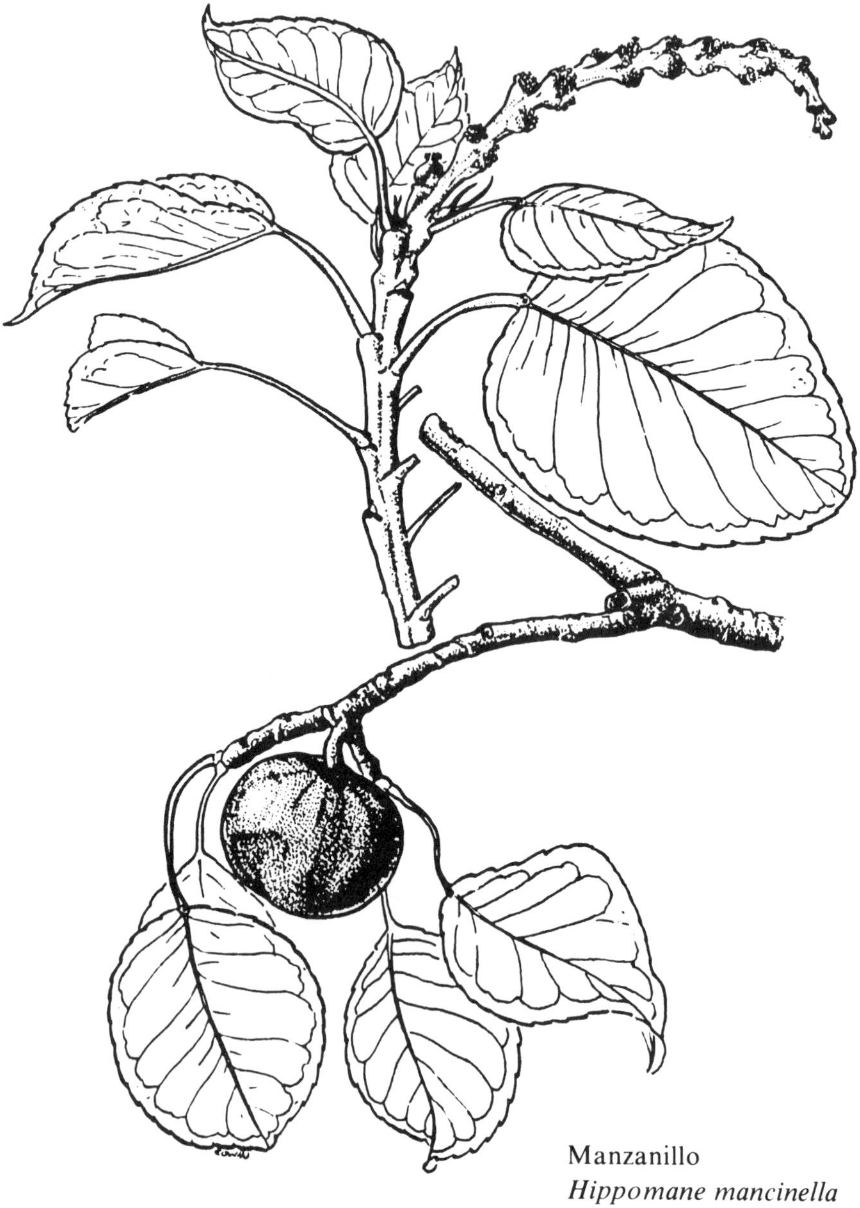

Manzanillo
Hippomane mancinella

MANZANILLO

EUPHORBIACEAE

Hippomane mancinella L.
Manchioneel

Es el árbol más venenoso de Puerto Rico y de las Islas Vírgenes y se le considera entre las plantas más venenosas de la América tropical. Crece a lo largo o cerca de las costas y es oriundo del América Central y las Indias Occidentales.

Puede alcanzar una altura de 12 m, aunque generalmente es más pequeño y sus ramas bastante extendidas con una copa redondeada. Sus hojas son ovaladas, de pecíolo largo, lustrosas, coriáceas, de color verde amarillento, con dientes ondulados. Sus frutos se presentan en drupas sin pedúnculo, producidos en cantidades, redondos de color verde amarillento o amarillento, de 2 a 3 cm de diámetro, parecidos a pequeñas manzanas.

En las hojas, las ramitas y la corteza se encuentra una savia lechosa irritante, cáustica, muy vesicante a la piel, al cutis y la boca. Es muy tóxica al interior.

Los caribes envenenaban sus flechas con este líquido. Se ha informado que el agua que gotea de las hojas es dañina, ya que varios de los compuestos químicos tóxicos son solubles en agua (1).

Las hojas contienen el compuesto químico brevifolin (1), mancinelín (2) entre otros también tóxicos (3), (4).

Su administración interna produce primeramente descuamación en grandes áreas de la lengua, encía, mucosa bucal y el paladar. Luego produce emesis, gastritis fuertemente dolorosa y diárreas sanguinolentas. Se informa de la presentación de "choque" finalmente (5).

El dolor intenso en la boca puede aliviarse mediante el uso de un analgésico. Puede usarse la solución de hidróxido de aluminio y magnesio para lavarse la boca y mejorar la irritación. Se recomienda tomarse, además de usar los lavados, una onza cada dos horas. Si el paciente no ingirió material de plantas, la dieta debe ser líquida, y al tercer día pueden dársele purés, y permanecer así hasta que se aminoren los síntomas.

REFERENCIAS

1. Caroll, Jr. Marcus N., Lauretta E. Fox and William T. Ariail. "Investigation of the toxic principles of Hippomane mancinella L.", *Jour. Amer. Pharm. Assn.* (46): 93-97, 1957.
2. *Chem. Abs.* (83): 97618g, 1975. "Irritant and carcinogenic principles of Hippomane mancinella." Adol R.W., Hecner, E. (Inst. Biochem; Dtsch, Krebsforsch, Heidelberg, Germ.) *Tetrahedron Lett.* (19-20): 1587-1590, 1975.
3. Rao, Koppaka V., (Coll. of Pharm., Univ. Fla.), Gainesville, Fla., "Toxic principles of H. mancinella, II Structure of Hippamarine. *Lloydia* 40 (2): 169-172, 1977.
4. Evans, F.J. and C.J. Soper, "The tigliane, daphnane and ingenane diterpenes their chemistry distribution and biological activity." *Jour. of Natural Products,* (41): 193, 1978.
5. Lampe, Kenneth F., and Rune Fagerström. "Hippomane mancinella", *Plant Toxicity and Dermatitis. A Manual for Physicians.* Baltimore: The Williams & Wilkins Company, 1968. pp. 180, 12.

MARIHUANA

CANNABACEAE

Cannabis sativa L.
Mariguana, cáñamo
Hemp, Indian hemp

Planta anual indígena del centro y oeste del Asia cultivada en la India y en otros países tropicales y templados para la producción de fibra y semilla.

Crece de 6 a 25 dm de alto, muy ramificada, ligeramente puberulenta; hojas alternas finas, largo pecioladas, digitadas, con 3 a 7 hojuelas generalmente, largo acuminadas.

La marihuana produce de 15 a 20 por ciento de una resina que contiene el constituyente eufórico principal conocido corrientemente como trans-tetrahidrocanabinol. Otros compuestos químicos de menor actividad eufórica se encuentran presentes. Algunos compuestos de estos poseen una actividad sedante (1).

Los efectos fisiológicos mayores son: enrojecimiento de la conjuntiva, aumento de las pulsaciones, debilidad muscular, incoordinación, dificultad de concentrar el pensamiento, pérdida de la personalidad, distorsiones visuales y otros efectos (2).

Con dosis altas produce depresión y un sueño comatoso. El uso contínuo produce degeneración moral y debilidad física (3) y disminución en las funciones sexuales (4). Es una planta verdaderamente dañina al ser humano.

REFERENCIAS

1. Tyler Varro E., Lynn R. Brady and James E. Robbers. "Cannabis", *Pharmacognosy,* 8th. edition. Philadelphia: Lea & Febiger, 1981, pp. 149-152.

2. Watt, John Mitchell and María Gerdina Breyer-Brandwijk. "Cannabis sativa", *The Medicinal and Poisonous Plants of Southern and Eastern Africa.* Edinburgh & London: E. & S. Livingstone L.T.D. 1962, pp. 759-769.

3. Kingsbury, John M., "Cannabis sativa", *Poisonous Plants of the United States and Canada.* Durham, NC: Duke University Press, 1969, p. 91.

4. Goodman, Louis S., Alfred Gilman, and Assoc. Editors. "Marihuana, Pharmacological Effects in Man, Toxicity", *The Pharmacological Basis of Therapeutics,* 5th. ed. New York: McMillan, pp. 306-307.

MARUNGUEY

CYCADACEAE

Zamia spp.

Con los nombres comunes de marunguey, zamia y palmitas de jardín se conocen unas plantas parecidas a pequeñas palmas que crecen en la Isla en las colinas o mogotes de las costas norte, sur y suroeste. La *Zamia portoricensis* es endémica de la Isla, mientras que la *Z. debilis,* además de en Puerto Rico, existe en las otras Antillas Mayores.

Crecen mayormente en las colinas calizas y secas del suroeste de Puerto Rico, aunque pueden encontrarse en otras áreas costeras de Puerto Rico y en otros países tropicales. Son muy conocidas desde los primeros años de la colonización española (1). Se cultivan también en patios y jardines.

Estas zamias poseen un tronco erecto, mayormente corto, aunque se le encuentra también enterrado en la tierra. Sus frondas se originan de la parte superior del tronco, pero no se ramifican. Pueden alcanzar hasta 30 cm promedio. Las flores están constituidas por conos terminales, que consisten de escamas que contienen varios sacos anteriades que desarrollan los óvulos. Las semillas formadas son similares a drupas o nueces.

Las zamias son dioicas, con sexos separados. Hay plantas femeninas y plantas masculinas.

Nuestros aborígenes confeccionaban pan con las raíces de estas palmitas, rayándolas primero y luego desecando la masa. Luego la pulverizaban y confeccionaban los panecillos.

Se han separado tres grupos de compuestos venenosos en las hojas de estas palmitas: el metil, azoximetanol y sus derivados glucosídicos, un aminoácido y un compuesto químico tóxico de peso molecular alto, cuya naturaleza química no se ha determinado todavía (2).

Desde hace siglos se sabe que estas plantas son venenosas. Los navegantes empleados por el Capitán Cook, descubridor del este de Australia en 1770, se enfermaron al comer las nueces (2).

Desde hace tiempo se sabe por evidencias claras de dos síndromes distintos en este envenenamiento (3). El primero se caracteriza por desórdenes gastrointestinales y hepáticos, y el segundo por características atáxicas debido al efecto sobre el sistema nervioso central. Puede presentarse un síndrome adicional al producirse los efectos experimentales simpatomiméticos y los carcinogénicos.

Si todavía no han aparecido los desórdenes gastrointestinales, se sugiere la emesis o el lavado del estómago. De lo contrario, trate los desórdenes gastrointestinales y hepáticos. Se sugieren las medidas sintomáticas usuales de rigor.

REFERENCIAS

1. Díaz, Luis E. y Juan L. R. Ricart, "El Marunguey: Una planta en la Historia de Puerto Rico", *Science-Ciencias,* (5): 9-11, otoño 1977.
2. Keeler, Richard F., Kent R. Van Kampen y Lynn F. James. "Cycad Poisoning in Australia, Etiology and Pathology", *Effects of Poisonous Plants on Livestock.* New York: Academic Press, 1978, p. 337.
3. *Ibid,* p. 338.

MOCA

PAPILIONACEAE

Andira inermis (W. Wright) HBK.
Angelin tree, bastard mahogany, cabbage bark

Arbol silvestre de buena madera que se encuentra en la América tropical y Africa Occidental.

Crece de 10 a 15 m de altura con hojas de 15 a 30 cm de largo y hojuelas de 8 a 12 cm, imparpinadas, raquis acanalado superiormente, hojuelas corto pecioladas, oblongas o lanceolado oblongas, lampiñas, agudas, con estípulas óvalas, pequeñas y estipulillas aleznadas. Sus flores son pequeñas, rosadas, en grandes panojas terminales, escamosas; pedicelos cortos con bracteolas muy diminutas. Su fruto es una legumbre drupácea, de 3 a 5 cm de diámetro, ovoidea, estipitada, velluda en el margen anterior, con una sola semilla.

La corteza y las semillas contienen el alcaloide andrina, considerado el principal compuesto tóxico de este árbol, aunque se encuentran presentes otros de menor importancia (1). Posee propiedades antihelménticas y purgativas, pero su actividad narcótica y su toxicidad imposibilitan su uso como tal (2). En mayores dosis puede producir vómitos, fiebre, delirios y la muerte (3).

Se sugiere el tratamiento sintomático del paciente. Si se presentara la condición narcótica, se sugiere la naloxona en pequeñas cantidades (4).

REFERENCIAS

1. Lewis, Walter H. and M.P.E. Elvin Lewis. "Andira inermis", *Medical Botany, Plants Affecting Man's Health.* New York: Wiley-Interscience, 1977. p. 42.

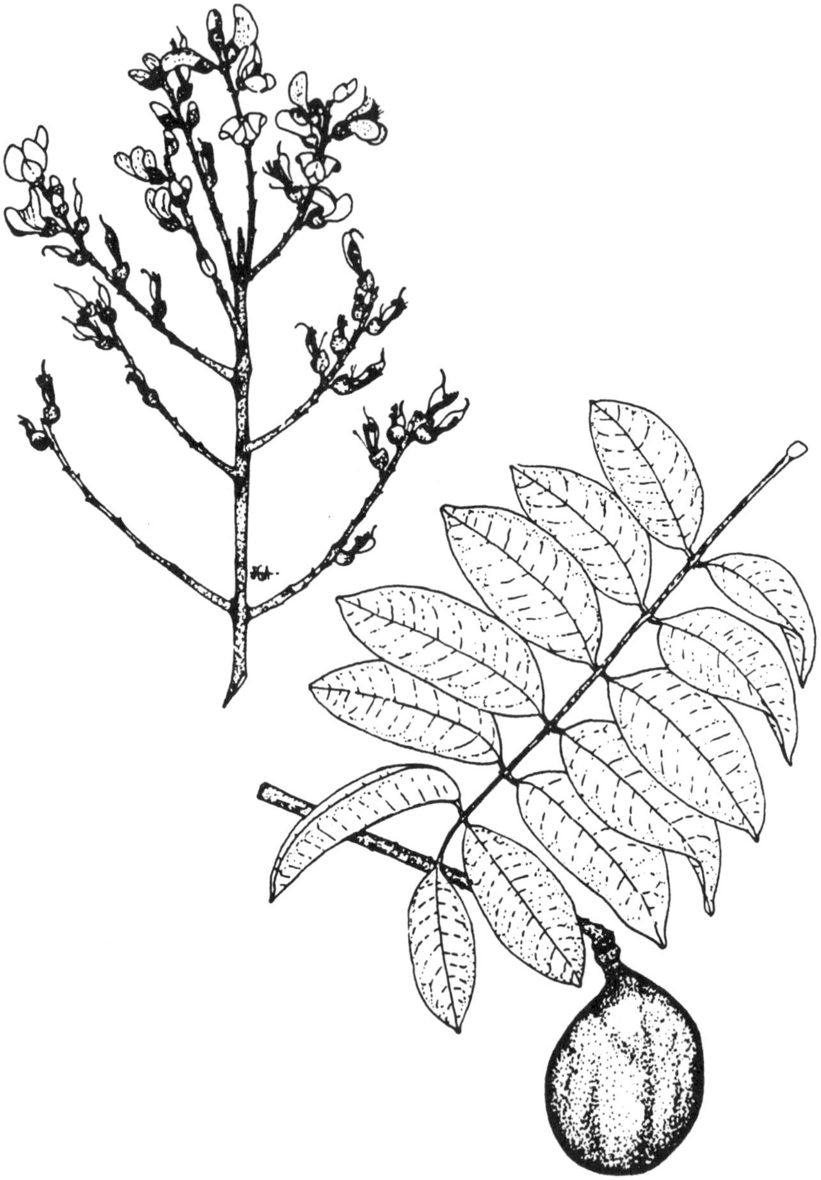

Moca
Andira inermis

2. Cocker, Wesley; T. Dahl; C. Dempey and T.B.H. Mcmurry. "Extractives from woods, Part I Extractives from Andira inermis", *J. Am. Chem.* Soc. 1962, 4906-4909.

3. Osol Arthur; G.E. Farrar and Collaborators. "Cabbage-Tree bark (Andira inermis)", United States Dispensatory, 24th. ed., Philadelphia: J.P. Lippincott Company, 1947, p. 1375.

4. Goodman, Louis S., Alfred Gilman and Cissoc. Editors. "Morphine and other opium alkaloids, acute poisoning, treatment", *The Pharmacological Basis of Therapeutics,* 5th. ed., New York: MacMillan, 1970, p. 260.

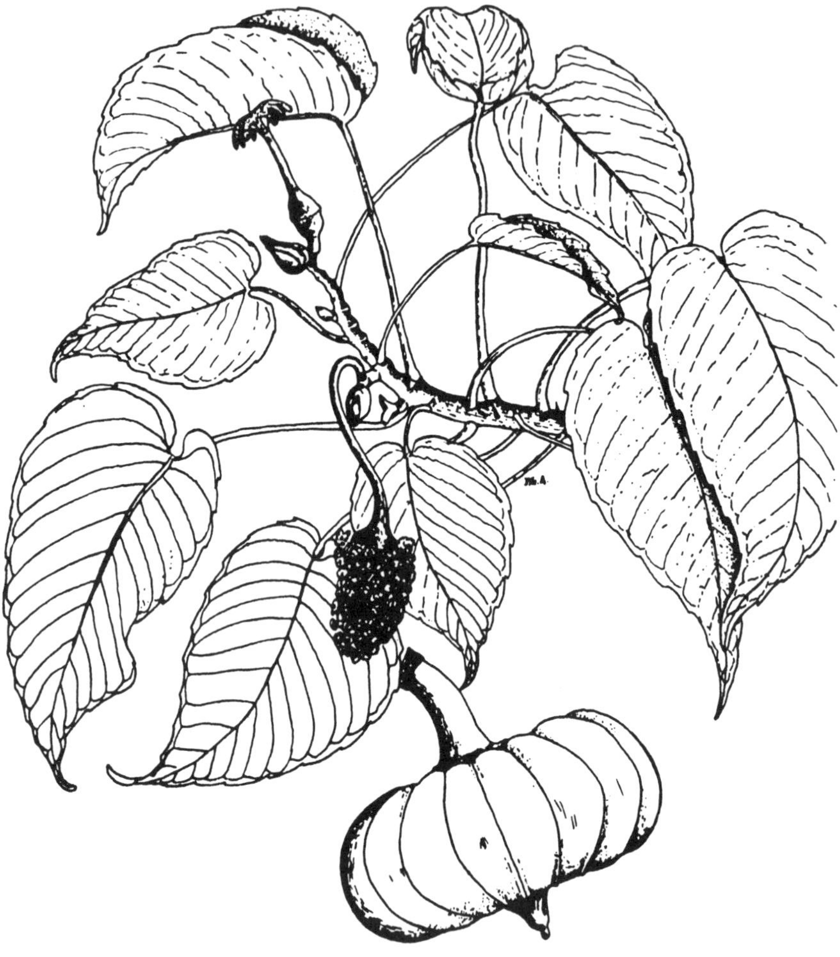

Molinillo
Hura crepitans

MOLINILLO

EUPHORBIACEAE

Hura crepitans L.
Havilla, javillo
Monkey pistol, sandbox

Este hermoso árbol se ecuentra a lo largo de caminos y carreteras en Puerto Rico. Se encuentra además a lo largo de las Antillas desde Cuba y Jamaica a Trinidad y Tobago. En el continente suramericano se encuentra desde Costa Rica hacia el sur, hasta Perú, Bolivia, Brasil y las Guayanas.

Puede crecer hasta 25 m de altura. Se puede reconocer por su copa globular de follaje espeso, por sus muchas espinas negruzcas de cerca de 2 cm de largo en el tronco y las ramas; sus hojas acorazonadas de 10 a 15 cm de largo y de 8 a 10 cm de ancho, abruptamente de punta larga con peciolos largos; su latex copioso, acuoso, ligeramente blancuzco, irritante y venenoso.

Su fruto es una cápsula grande achatada color castaño oscuro, de 5 a 8 cm de diámetro y de 2 a 4 cm de alto, dividida en 15 secciones en su interior. Cuando se seca, se abre y produce una explosión, regando las semillas a distancia, de color castaño, achatadas, y redondas, apróximadamente, de 1 a 2 cm de diámetro.

Las hojas y la corteza contienen huraína, una proteasa (1), crepitina, una glicoproteína (2) huratoxina (3) hurina, una toxalbúlima (4), lectinas, filotoxinas (5).

Fragmentos de la corteza y la fruta producen dermatitis y un efecto vesicante en la piel (6). El jugo celular posee propiedades emetocatárticas, vasodilatación, disminución de la presión arterial, delirio, diarreas y colapso (7).

Hay un período latente relacionado con los efectos de las toxi-albúminas hurina y crepitans y la aplicación de émesis o el lavado del estómago. Si se aplicara el lavado debe hacerse con suma precaución debido a la necrosis producida por las sustancias antes mencionadas. Puede usarse medicación protectora, como el subcarbonato de bismuto o trisilicato de magnesio, para reducir la irritación. Se requieren electrólitos y líquidos para compensar la pérdida por los vómitos y diarreas. El tratamiento es esencialmente sintomático.

REFERENCIAS

1. Jaffe, W.G., "Aurain, a new plant protease from Hura crepitans", *J. Biol. Chem.* (149): 1-7, 1943.
2. Jaffe, Werner, G. and Dinah Seid, (Univ. Central Caracas). "Crepitin, a phytohemagglutinin from H. Crepitans," *Experientia* 25 (8), 1969.
3. *Chem. Abs.* (76):23036z, 1972. "Piscidal constituent of H. crepitans," Sakata, K,. Kawazu Kazuyasti and Mitsui Tetsuo, (Dept. Food Sci. Technol., Kyoto Univ. Kyoto, Japan).
4. *Chem. Abs.* (82): 153660h. Abrin and hurin: "Two New Lymphocyte Mitogens", Kaufman, Stephen J. and A. McPherson, (Biol. Dept. Massachusetts Inst. Technol., Cambridge, Mass.) *Cell* (4):263-268, 1975.
5. Tampion, John, "Hura crepitans", *Dangerous Plants.* New York: Universe Books, 1977, p. 42.
6. Mitchell, John and Arthur Rook, "Hura crepitans", *Botanical Dermatology.* British Columbia, Canada: Greengrass, 1979, p. 298.
7. *Chem. Abs.* (4): 595, 3, 1910. "The poison contained in the sap of H. crepitans", C. Richet; *Compt. Rend. Soc. Biol.* (66): 763-764.
8. Lampe, Kenneth F., and Rune Fagerström. "Hura crepitans, toxicology, treatment," *Plant Toxicity and Dermatitis. A Manual for Physicians,* Baltimore: The Williams and Wilkins Co., 1968, p. 66, 62.

NOGAL DE LA INDIA

EUPHORBIACEAE

Aleurites moluccana (L.) Willd.
Nogal, palo de nuez
Candle-nut, Indian wallnut, Otaheite walnut

Arbol oriundo de las Indias Orientales desde Malasia a la Polinesia y bastante distribuido en las zonas tropicales, incluyendo las Antillas Occidentales.

Crece hasta 20 m o más de altura. Su corteza es pardo grisácea, rajada en la superficie, la madera color amarillo pálido, blanda y débil. Sus hojas son variables, 3 a 5 lobadas o enteras, 5 a 7 nervias, pecioladas, de aovadas a suborbiculares, de 5 a 25 cm de largo, estelado pubescentes debajo, con la base subtrincada. Sus flores se presentan en cimas paniculadas terminales, multifloras, de 8 a 15 cm de largo con pétalos blancos de 8 mm de largo y estrechos. Su fruto es carnoso, subgloboso, un poco más ancho que largo, de 4 a 6 cm de grueso, indehiscente, con 1 a 2 semillas con un endospermo duro.

Las hojas contienen una saponina, toxialbúmina venenosa (1). Las semillas contienen también entre otros compuestos químicos de diversa índole, saponinas (2) y aceite fijo (3).

El aceite que se extrae de la semilla se ha usado como purgante (4).

Los efectos tóxicos de este árbol se deben a la presencia de las saponinas (1) en las hojas y semillas. Se le atribuyen propiedades tóxicas a un compuesto químico de un alcohol que aún no se ha identificado (5). El envenenamiento puede presentarse luego de comerse una nuez, pero la dosis promedio es de tres nueces, aunque se ha observado recuperación antes de comerse veinte nueces.

Los síntomas se presentan generalmente de 20 a 40 minutos luego de haberse comido las nueces. Se presenta un corto período de náuseas, calambres abdominales violentos y diarreas. Más adelante manifiesta sed y sequedad.

Se recomienda el lavado estomacal para remover la mayor cantidad del material tóxico posible. La deshidratación puede ser corregida mediante líquidos intrevenosos y electrólitos. Deben instituirse medidas de soporte si fueren necesarias, ej: oxígeno y otras (6).

REFERENCIAS

1. *Biol. Abs.* (22): 21682, 1948. "The toxic principle of the species of Aleurites", Emmel, M.W., Univ. of Florida, Gainesville, *Jour. Amer. Vet. Med. Assoc.* 111 (848): 386-387.

2. *Chem. Abs.* (35): 27407, 1941. "Experiments on Aleurites", Francesco Bruno, *Agric. Coloniale,* (34): 479-480.

3. *Chem. Abs.* (49): 435, 1955. "Chemical composition of the seeds of Aleurites moluccana", Gaetano Labruto and Grazia Reitano (Univ. Messina, Italy), *Ann. Chim.* (Rome) (44): 397-406.

4. *Chem. Abs.* (31): 4840q, 1937. "Fruits of Aleurites triloba, Forst." (A. Moluccana, Wild.) D. Y., Haddad, *J. Egypt. Med. Assoc.* (20): 117-124.

5. Lampe Kenneth F., and Rune Fagerström. "Aleurites species", *Plant Toxicity and Dermatitis, A Manual for Physicians.* Baltimore: The Williams and Wilkins Co., 1968, p. 46.

6. Lampe, Kenneth F., and Rune Fagerström. "Symptons... Treatment", *Plant Toxicity and Dermatitis. A Manual for Physicians.* Baltimore: The Williams and Wilkins Co., 1968, pp. 46-47.

PALETA DE PINTOR

ARACEAE

Caladium bicolor (Ait.) Vent.
Cara de caballo, yautía de jardín, caladio
Garden caladium

Planta de patrones en colores atractivos, oriunda de la región Amazónica, cultivada en los trópicos. Su pecíolo es prolongado, glauco o pruinoso en la parte superior; hojas coloreadas, de forma circular, espata con el tubo verde afuera y verde blancuzco en su interior, la garganta color púrpura, la hoja terminada en punta, blanca en el ápice.

Esta planta se presenta en numerosas combinaciones de colores. Se usa extensamente como ornamental.

Todas las partes de la planta contienen cristales de oxalato de calcio, bien aciculares, en rafidios o en rosetas. Si se desintegran las hojas o cualquiera otra parte de la planta con la mano y el jugo celular ganara acceso a la piel, podría producir dermatitis (1).

No se conocen envenenamientos con esta planta. Si ocurriese alguno se sugiere el tratamiento indicado para rábano cimarrón y otras con estos compuestos químicos (2).

REFERENCIAS

1. Mitchell, John and Arthur Rook. "Caladium", *Botanical Dermatology Plants and Plant Products Injurious to the Skin.* Vancouver: Greengrass Ltd., 1979, p. 112

2. Lampe, Kenneth F. and Rune Fagerström. *Plants Producing Irritation Primarily of the Mouth and Throat.* Baltimore: The Williams & Wilkins Company, 1968, pp. 11-13.

PALMA DE ARECA

PALMACEAE (ARECACEAE)

Areca catecu L.
Palma de indio
Betel nut.

Palma oriunda de Asia y de las Islas Malayas, aunque se ha aclimatado en las regiones tropicales de las Américas, Islas Filipinas, Sur de China y al Este de Africa.

Es una palma que puede crecer de 10 a 17 m de altura. Su tallo está libre de espinas, sin ramificación, y termina en una corona de hojas en forma de abanico, pinadas con numerosas hojas de cerca de 5 dcm de largo. Su fruto es una nuez ovoidea, color anaranjado, con una sola semilla larga con un pequeño embrión.

Contiene varios alcaloides, principalmente arecolina (1) y otros compuestos de menor importancia (2), (3).

La nuez de areca se ha empleado como antihelmíntico para animales, particularmente su alcaloide (4) contra la solitaria y la lombriz corriente.

Posee un grupo de compuestos orgánicos que poseen actividad antimicrobiana (5).

Al ingerir una extracción de varias nueces de areca se presentan vómitos, diarreas, disnea, disturbios cardiacos y respiratorios, dilatación de la pupila, convulsiones, coma y hasta la muerte (6).

Se recomienda el uso de jarabe de ipecac como vomitivo o el lavado gástrico para remover lo que quede de la nuez. Se sugiere que se pase por el tubo una suspensión de carbón activado en polvo por el tubo y se deje permanecer en el estómago. Se recomiendan medidas de soporte, ej: respiración artificial con oxígeno y otras (6).

REFERENCIAS

1. Dastur J.F., F.N.I., "Areca", *Medicinal plants of India and Pakistan,* First Edition., Bombay: D.B. Taraporevala Sons & Co., pp. 33-34.
2. Claus, Edward P.; Varro E. Tyler; and Linn R. Brady. "Areca", *Pharmacognosy,* 6th. Edition. Philadelphia: Lea & Febiger, 1970, pp. 226-227.
3. *Biological Abstract* Vol. 70, 1980, p. 5019, 47796, Thuan, Chang Eng and R.D. Amarasing ham Malays, *Agric. J.* 51 (3): 305-310, 1978 (Redd. 1980), "Examination of Areca nut (A. Catechu) for the presence of aflotoxinas."
4. Stephen K. SIM, "Areca", *Medicinal Plants Alkaloids,* 2nd. Edition. Toronto: University of Toronto Press, 1964, pp. 33-35.
5. Meltzer Leonard T. and John A. Rosearans, "Discriminative stimulus properties of arecoline: a new approach for studing central muscarinic receptor", *Psychopharmacology,* 75: 383-387, 1981.
6. *Biological Abstract* Vol. 47, 1966 March-April, p. 2850, 33759, Lalitha Kumari H., M. Sirsi and V.S. Govindarajan, "Antibacterial and antifungal activities of A. catechu", *Indian J. Exp. Biol.* 3 (1): 66-67, 1965.
7. Goodman, Louis S., Alfred Gilman and Associate editors. "Ganglionic stimulating drugs, acute nicotine poisoning therapy", *The Pharmacological Basis of Therapeutics,* 5th. ed., New York: MacMillan, 1975, p. 569.

Palo de María Grande
Calophyllum incphyllum

PALO DE MARIA GRANDE

GUTTIFERAE

Calophyllum inophylum L.
Kamani
Alexandrian laurel

Arbol ornamental de hermosa figura que puede alcanzar hasta 15 m de alto y 2.5 dm de diámetro. Es oriundo de la región al este de India, del sureste de Asia y de las islas del Pacífico. Se cultiva extensamente en el trópico.

Sus hojas son elípticas, color verde oscuro brillante con numerosas venas muy finas, paralelas al márgen, que apenas pueden verse sin la ayuda de una lente. Sus flores son olorosas, blancas, cerca de 2.5 cm de diámetro y se presentan en racimos ramificados. Sus frutos son redondos, escasos, cerca de 4 cm de diámetro, color verde pálido que se torna color amarillo o pardo, con una sola semilla grande.

Se han separado varios compuestos orgánicos de las semillas, la corteza y el leño de este árbol, responsables de su acción venenosa (1), (2), (3), y (4).

REFERENCIAS

1. Little R., Elbert L., Roy O. Woodbury and Frank H. Wadsworth. "Calophyllum inophyllum L.", *Trees of Puerto Rico and the Virgin Islands*, Agriculture Handbook No. 449, U.S. Dept. of Agriculture, Wash., D.C., 1974. p. 560.

2. *Chem. Abst.* (83):93894u, 1975. "Calaustralin, a new 4-phenylcoumarin from the seeds of C. inophylum", Blusham, Bharat; Rangaswami, S. and T.R. Seshadri, (Dept. Chem. Univ. Delhi, India) *Indian J. Chem.* 13 (7):746-747, 1975. (Eng.)

3. *Chem. Abst.* (81): 23074, 1974. "Chemistry of the Guttiferae of Ceylan", Sultanbawa, M.U.S., (Dept. of Chem., Univ. Shri Lanka Peradeniya, Ceylon), *J. Nat. Aci. Council, 1 (2): 123-165, 1973. (Eng).*

4. *Chem. Abst.* (78): 13744, 1973. "Piscidal constituents of C. inophyllym", Kawazu, Kazuyoshi; Ohigashi, Hajime; Takahashi, Norio and Mitsui Titsuo, (Dept. of Agric. Chem., Ekayama Univ., Ekayama, Japan). *Bull, Inst. Chem. Res.,* 50 (3):160-167, 1972.

PALMA DE SAGU FALSA

CYCADACEAE

Cycas circinalis L.
Cica
Cycas

Planta oriunda del Africa tropical, con características de palma, tronco cilíndrico, aproximadamente 3 m de altura; hojas de 2 a 3 m de largo con espinas cortas cerca de la base del peciolo, hojas pinnadas alternas, muchos folíolos planos lineales, rígidos. Las flores están dispuestas en grandes glomérulos que alternan con una corona de hojas. Los carpelos (frutos) son foliáceos y están colocados en el vértice del tallo, con seis u ocho ovalos (semillas) laterales.

Las semillas y la raíz de esta planta contienen un grupo de compuestos relacionados con las nitrosaminas, altamente tóxicos (1), (2), (3), (4), (5), (6). Han ocurrido parálisis y muerte a personas que han comido la semilla (7). La semilla contiene además un agente químico carcinogénico (8).

Las incidencias de envenenamientos con las semillas o raíces de esta palma son extremadamente bajas. Los síntomas pueden incluir dolor de cabeza, vómitos, diarreas, cólico, depresión hasta coma y parálisis muscular.

No hay tratamiento específico que pueda recomendarse (9). Se ha usado el lavado gástrico o el vómito y el tratamiento sintomático (7).

REFERENCIAS

1. Lewis, Walter H. and Memory P.F. Elvin-Lewis. "C. circinalis", *Medical Botany Plants Affecting Man's Health.* New York: John Wiley & Sons, 1977, p. 119.

2. Matsumoto Hiromu and F.M. Strong. "Occurrence of Methylazony methanol in C. circinalis", *Arch. Biochem. Biophys.*, (101):299-310.

3. *Chem. Abst.* (65): 12765c, 1966. "Biochemical studies on cycanin III. Isolation of the aglycon, methylazony methanol and its biological and chemical properties." Akira, Kobayashi; Hiromu Matsumoto; Kagoshima *Daigatu Mogokubu and gakujutsu Hokoku, No. 16, 1-10 (1966).*

4. *Chem. Abst.* (81): 101818a, 1974. Biflavones from C. revoluta, C. circinalis, and C. rumphu, Varshney Amil K.; Mah, Talat; Khan, V. Nizam, W. Rahman, H.W.A. Chiar W., M. Okizawa and N. Kawano, *Indian J. Chem.,* 11 (12): 209-214, 1973.

5. Vega, A. and E.A. Bell., and P.B. Nunn. "The preparation of L- and D-L-amino B- methyl amino propionic acids and the identification of the compound isolated from C. circinalis as the L-isomer", *Phytochemistry,* (7): 1885-1887, 1968.

6. Vega, A. and E.A. Bell. "L-amino, B- methyl amino propionic acid, a new amino acid from seeds of C. circinalis", *Phytochemistry,* (6): 759-762, 1967.

7. Hardin, James W. and Jay M. Arena. "C. circinalis", *Human Poisoning from Native and Cultivated Plants.* Durham, N.C.: Duke University Press, 1969, p. 42.

8. Strong, F.M., "Naturally occurring toxic factors in Plants used as food", *Can. Med. Assoc. J.* 94 (12): 568-573, 1966.

9. Lampe, Kenneth F. and Rune Fagerström. "Cycas", *Plant Toxicity and Dermatitis, A Manual for Physicians.* Baltimore: The Williams & Wilkins Company, Baltimore, 1968, pp. 180-182.

PANAMA

ARACEAE

Alocasia macrorhiza (L.) Schott
Giant alocasia

Es una planta oriunda de India, y Malaya e Indonesia. Es muy corriente en áreas de densa humedad, en hondonadas y sitios claros de bosques en la Isla.

Crece de 2 a 5 m de alto, robusta, de apariencia atractiva, hojas grandes en grupos, de 0.5 a 1 m o más de largas, carnosas, color verde oscuro, brillosas, tallo grueso, acanaladas en su base, sosteniendo en su extremo una lámina ancha de 0.3 a 1 m de largo y de 30 a 45 cm de ancho, de forma acorazonada y de dos lóbulos en su base que se estrechan hasta su extremo obtuso. Su vena central tiene de 10 a 12 venas pequeñas laterales.

Su inflorescencia es una espiga de flores amarillo pálido, agrupadas en el extremo superior del espádice. Están rodeadas de una espata en forma de capirote color crema. Sus frutos son bayas rojas cuando maduran, de 4 a 8 mm de largo.

Se encuentran en todas las partes de esta planta una gran cantidad de cristales de oxalato de calcio, bien en forma de agujas aciculares separadas, o en haces o grupos de agujas, denominados rafidios, rodeados todos de un líquido mucilaginoso (1). Otros compuestos tóxicos se encuentran presentes (2), (3).

Al masticar las hojas, el tallo, la flor, la fruta o la raíz, se produce una fuerte irritación, quemazón o hinchazón dolorosa de los labios, la lengua y el paladar. La voz se torna gruesa, apenas se puede oir y hasta puede perderse. Estas áreas se tornan edematosas y con fuerte dolor. Puede producirse una disfagia o inhabilidad para tragar (4).

Al exterior, el jugo celular puede producir dermatitis (3). Si llegase a penetrar en los ojos, puede producirse opacidad permanente de la cornea (1), (4).

Tratamiento: el dolor intenso de los labios y el interior de la boca requieren la administración de un analgésico (ej. meperidina), debe lavarse la boca con magma de aluminio y magnesio (ej. 1 onza cada 2 horas) u otra medicación similar (1). Puede usar corticoides como anti-inflamatorios.

REFERENCIAS

1. Lampe, Kenneth F. and Rune Fagerström. "Plants Producing Irritation Primarily of the Mouth and Throat", *Plant Toxicity and Dermatitis, A Manual for Physicians*. Baltimore: The Williams & Wilkins Co., 1968. p. 88.
2. *Chem. Abs.* (88): 18114s, 1981. Natural plant enzyme inhibitors, "V.A. A tripsin, Chymotrypsin inhibitor from Alocasia macrorrhiza tuber", Sumathi, S. and T.N. Paltabiraman, *Biochem. Biophys. Acta* (1): 167-178, 1977.
3. *Chem. Abs.* (82): 111191w, 1975. "Cianogenesis of the Araceae", Nahrstedt, Adolf, *Phytochemistry*, 14 (5, 6): 1330-1340, 1975.
4. Mitchell, John and Arthur Rook. "Alocasia Macrorrhiza", *Botanical Dermatology*, British Columbia: Greengrass, 1979, p. 109.

PANAPEN CIMARRON

PAPAVERACEAE

Bocconia frutescens L.
Palo de pan cimarrón, panilla
Celandine, parrot weed

Arbusto pubescente, propio de terrenos calcáreos pedregosos en colinas y bosques en las alturas pequeñas y medianas. Se encuentra además en todas las Antillas y en el continente desde Méjico hasta el Perú.

Crece aproximadamente hasta 3 m. Toda la planta está cubierta de un polvo ceniciento que despide un olor desagradable.

Sus hojas son alternas, cuspidadas, pecioladas, óvalo-oblongas, sinuoso-lobadas, las superiores enteras, verdes y ásperas por encima, pálidas y glabras por debajo. Su margen es distante dentado. Sus flores son pequeñas y se presentan en grandes panojas ramosísimas, piramidales terminales y axilares con brácteas y bracteolas oblongas o lanceoladas con el pedicelo del largo de la flor. Su fruto es una cápsula unilocular, bivalva en la base.

Dos de los alcaloides más importantes de esta planta son la protopina y la alocriptopina (1). Las semillas y corteza contienen más alcaloides que el tejido leñoso (2). El látex contiene principalmente el alcaloide boconina. El látex se ha empleado en el tratamiento de úlceras, erupciones de la piel, sabañones y para remover verugas (3). Posee la propiedad de ser cáustica.

La boconina es un poderoso analgésico e hipnótico. Los demás alcaloides participan en parte de esta acción analgésica. Con dosis tóxicas se efectúa una tendencia somnífera marcada, principalmente depresiva (3).

Se recomienda que se sigan los principios fundamentales del envenenamiento con morfina.

Debe mantenerse al paciente en ventilación de aire. Se sugiere el uso de medicación antagónica a los narcóticos, ej. naloxona o el uso de los antagónicos clásicos, ej. nalorfina o el levalorfan. Se debe comenzar con la inyección intravenosa de pequeñas cantidades (4).

REFERENCIAS

1. *Chem. Abs.* (93):501, 1980. "Alkaloids of the Papaveraceae LXXI: Alkaloids from B. frutescens L". 93 4154922, Taborska, Eva; Veznik, Frontisek; and Giri Slavik *Collect. Czek Chem. Commun.* 45 (4):1301-1304, 1980.

2. *Chem. Abst.* (75): 57, 1975. "Extraction and characterization of the alkaloids of B. frutescens" 75: 137556d, Arteaga Foehn, Martha, Paredes, and T. Alfredo *Politécnico* 1 (3): 113-132, 1969.

3. Roig y Mesa, Juan Tomás. "Palo amarillo, Bocconia frutescens L.", *Plantas Medicinales Aromáticas o Venenosas de Cuba.* 2 vols. La Habana: Servicio de Publicidad y Divulgación, Ministerio de Agricultura, 1945. v. II, p. 513.

4. Goodman, Louis, Alfred Gilman and Associate Editors. "Morphine and other opium alkaloids, acute poisoning, treatment", *The Pharmacological Basis of Therapeutics.* New York: MacMillan, 1975, p. 260.

PAREIRA

MENISPERMACEAE

Cissampelos pareira L.
Oreja de ratón, bejuco de mona
Velvet-leaf

Planta trepadora, muy común en los matorrales y en áreas de bosques. Asciende a altas elevaciones. Se encuentra en las demás Antillas, la América tropical y en los trópicos del Viejo Mundo.

Sus hojas son alternas, largo pecioladas, orbiculares, subarriñonadas, sedoso afelpadas por debajo y glabras por encima. Sus flores son diminutas y se presentan en espigas axilares y son de color verdoso. Su fruto es una drupa subglobosa, pubescente, rosada; antes de madurar es lenticular.

Las raíces y los tallos contienen berberina y otros alcaloides usados en una ocasión como diuréticos y anti-inflamatorios del tracto urinario (1). Constituía una droga oficial en varios países. Era oficial en el *Formulario Nacional de Estados Unidos,* quinta edición (2).

REFERENCIAS

1. Quissumbing, Eduardo. "Cissampelos pareira Linn." *Medicinal Plants of the Philippines.* Bureau of Printing, Technical Bulletin 16, Dept. of Agric. and Nat. Resources, Republic of the Philippines, Manila, 1951. p. 294.
2. Osol, Arthur; Farrar, Jr., George E. and Collaborators. *The Dispensatory of the United States of America,* 24 th. ed., Philadelphia: J.B. Lippincott Co., 1947.

PERONIAS

PAPILIONACEAE

Abrus precatorius L.
Ojos de cangrejo
Crab's eyes, jumbee bead.

Es una enredadera bianual, pubescente, de terreno arenoso, que florece en verano y otoño, muy común en los países tropicales. Puede extenderse a varios metros de largo.

Sus hojas son parpinadas, en algunas el raquis termina en un zarcillo o hilo; las hojuelas son de 8 a 15 pares, oblongas, corto mucronadas y ásperas. Sus flores son rosado pálidas en densos racimos axilares poco más cortos que el raquis, pero el pedúnculo es mas grueso. Su fruto es una legumbre oblonga, áspera, comprimida, ancha, trunca en ambos extremos, con 3 a 5 semillas purpurinas globosas con el ombligo negro.

Con el mismo nombre común (peronía) se conocen las semillas del árbol "Palo de Matos" (*Ormosia Krugii*) de la misma familia. La vaina es en general más larga y contiene más semillas.

Las semillas contienen la toxalbúmina abrina trigonelina, colina e hipaporina, entre otros compuestos tóxicos (1), (2). Recientemente se han descubierto dos nuevos alcaloides tóxicos (3).

La abrina se ha estado usando en concentraciones de 1 en 500,000 en el tratamiento de algunas enfermedades crónicas del ojo, especialmente en la opacidad de la córnea y la tracoma (4).

Cuando se ingiere la mitad de una semilla, dentro de media a una hora aparecen náuseas, vómitos, diarreas severas, debilidad, dificultad para mantenerse de pie, perspiración fría, cólicos, pulso acelerado, temblor en las manos (5), taquicardia, enrojecimiento de la piel, convulsiones y midriasis. En los niños se han producido además alucinaciones (6).

Debido a que hay un período latente largo con la presentación de los síntomas producidos por la toxialbúmina (abrina), muy poco puede hacerse con emesis o lavado gástrico. Si se empleare el lavado gástrico, debe tenerse mucho cuidado con la necrosis que haya producido esta toxialbúmina. Puede usarse medicación protectora (subcarbonato de bismuto o trisilicato de magnesio) para minimizar la irritación gastroentérica. Con el fin de reemplazar la pérdida por la emesis y la diarrea se requerían líquidos y electrólitos. Con respecto a la presentación de colapso vasomotor y convulsiones, el tratamiento es esencialmente sintomático (6).

REFERENCIAS

1. *Chem. Abs.* (95): 39, 109d, 1981. "Phytochemical studies of Abrus precatorious alkaloids," Karawyo, M., S. El-Gengaihi, G. Wassel; and N. Ibrahim, (Fac. Pharm., Cairo Univ., Cairo Egypt) *Herba Hung.* 19 (3): 21-25, 1980. (Eng.)

2. *Chem. Abs.* (61): 9777c, 1964. "The chemical components of the seed of Abrus precatorious", Tung. L.C. and J.C. Liau (Natl. Taiwan Univ. Taihoku) Taiwan I. *Husueh Hui Tsa Chich* 59 (9): 868-875, 1960. (Eng.)

3. Ghosal, Shibnath and Sunil K. Dutto. (Dep. Pharm.; Banaras Hindu Univ. Varanasi, India) *Phytochemistry* 10 (1): 195-198, 1971.

4. Osol, A. and G.E. Farrar and Collaborators. "Abrus precatorious" *The Dispensatory of the United States of America* 24th. edition. Philadelphia: J.B. Lippincott Co., 1947, p. 1303.

5. Watt, J.M. and Breyer-Brandwijk, M.G. "Leguminosae", *Medical and Poisonous Plants of Southern and Eastern Africa.* Edinburgh and London: E. & S. Livingstone, 1962. pp. 535-536.

6. Lampe, Kenneth F. and Rune Fagerstrom. "Abrus", *Plant Toxicity and Dermatitis, A Manual for Physicians.* Baltimore: The Williams & Wilkins Co., 1968. pp. 61-62.

PIÑANONA

ARACEAE

Monstera deliciosa Liebm.
Monstera,
Casiman, ceriman, monstera

Planta trepadora ornamental oriunda de Méjico y de la América tropical, de variable extensión en su crecimiento.

Sus raíces se suspenden como cordones. Sus hojas miden de 4 a 6 dm, anchas, un poco gruesas, pinaticortadas, muy perforadas con espacios oblongos o elípticos. La espata blanca, cerca de 2 dm de largo, la parte principal con márgenes enrollados; espádice, de 1 a 2 dm que constituye la fruta larga que al madurar es alimenticia en el trópico.

En forma similar a las otras plantas venenosas aráceas, se encuentran presentes cantidades abundantes de cristales de oxalato de calcio (1) en forma de rosetas, rafidios y agujas aciculares, ácido cianhídrico y saponinas (2).

Cualquier parte de esta planta que se lleve a la boca produce síntomas similares a los de las otras aráceas (ej. rábano cimarrón) (3).

El contacto con el jugo celular que brota de cualquier parte de esta planta en forma similar también produce dermatitis (4).

Se sugiere el uso de un buen analgésico para el alivio del dolor intenso de la boca. Debe lavarse la boca con una suspensión de hidróxido de aluminio y magnesio y tomarse varias dosis de suspensión. Puede usarse 1 onza cada dos horas. Pueden usarse soluciones intravenosas de soporte. Debe instituirse una dieta líquida y purés el segundo o tercer día hasta que los síntomas de la intoxicación hayan aminorado (4).

REFERENCIAS

1. Al-Rais, A.H., A. Myers, and L. Watson. "Isolation and properties of oxalate crystals from plants", *Ann. Bot.*, 35 (143):1213-1818.
2. Peters, R.E. and F.H. Lee. "Composition and physiology of Monstera deliciosa fruit and juice", *J. Food Sc.*, 42 (4): 1132-1133.
3. Lewis, Walter H., and P.F. Memory Elwin Lewis. "Araceae (Arum)", Medical Botany, Plants Affecting Man's Health. New York: John Wiley & Sons, 1977, p. 58.
4. Lampe, Kenneth F. and Rune Fagerström. "Monstera sps., Symptoms Treatment", *Plant Toxicity and Dermatitis. A Manual for Physicians.* Baltimore: The Williams and Wilkins Co., 1968, pp. 12-13.

PLATANILLO

ASCLEPIADACEAE

Asclepias curassavica L.
Algodoncillo, yerba de mariposas
Bastard ipecac, blood flower

Es una planta herbácea, subleñosa, anual o bianual, erecta, que crece en los países de la América tropical.

Puede crecer hasta 50 cm de alto con hojas opuestas, sin estípulas, corto pecioladas, lanceolado-oblongas o elípticas y glabras. Sus flores son pequeñas, en umbelas, largo pedunculadas, algo más cortas que la hoja. La corola posee 5 pétalos oblongos, pequeños de color de cinaborio, vueltos hacia abajo. El folículo es de 6 cm.. de largo, lanceolado elíptico, con el cáliz persistente y numerosas semillas óvalas, apiculadas, coronadas de un penacho largo, blanco y sedoso.

La otra especie, el platanillo blanco *(A. nivea)* se distingue de la anterior en sus flores blanco amarillentas, algo verdosas.

Las hojas contienen varios glucósidos cardiacos: uscearín, uscaridín, calactín calotropín y calotoxín a los cuales se debe la toxicidad de la planta (1). La otra especie (*A. nivea*), conocida con los nombres de algodoncillo blanco y platanillo blanco, contiene compuestos químicos similares.

Los rizomas y raíces de estas plantas se han usado como sustituto de la ipecac en Europa (2). El látex se ha empleado para la destrucción de las verrugas (3).

Se han informado casos de envenenamiento con estas dos plantas.

Ambas especies han producido envenenamientos a ovejas, ganado, conejillos de Indias (4). Sus síntomas son similares. Se produce primeramente una depresión, y debilidad acompañada por inestabilidad al pararse. Luego se presenta una condición tetánica repetidamente a intervalos cortos. Se efectúa luego un aumento en la temperatura y dilatación de las pupilas. Le sigue la muerte a un período comatoso de duración variable y puede presentarse de uno a varios días después.

La irritación de la mucosa intestinal puede variar de ligera a intensa (5).

Debe instituirse la terapia cardiovascular si lo evidencia un electrocardiograma del paciente. Si hay evidencia de un aumento en la irritabilidad ventricular, se le puede dar por vía oral 5 a 10 gr de cloruro de potasio, u 80 meq de potasio por litro en 5 por ciento de solución de dextrosa por vía intravenosa lentamente. Generalmente hay una mejoría dentro de 40 minutos.

Se sugiere que se continúen las observaciones cardiovasculares y se considere el uso del edetato (Entrate) o edetato trisódico (Versenato de sodio) y el isoproterenol.

REFERENCIAS

1. *Chem, Abs.* (74): 94,520x, 1971. "Plant poisons in a terrestrial food chain and implications for mimicry theory" Brower, Lincoln P. (Dept. Biol., Amherst Coll., Amherst, Mass). *Proc. Ann. Biol. Colloq.* [Oreg. State Univ.], (29): 69-82, 1968 (Eng).

2. Osol, Arthur and George E. Farrar, Jr., and Collaborators. "Ipecacuanha, Substitutes and Adulterants". *The Dispensatory of the United States of America,* 24th. Ed., Philadelphia: J.B. Lippincott 1947, p. 589.

3. Morris, Rupechan, John R. Rnox, John E. Kelsey, and J.A. Saenz Renauld, "Calotropin, a toxic principle isolated from A. curassavica". *Science,* 146 (3652): 1685-1686, 1964.

4. Everist, Selwyn L. "Asclepias curassavica", *Poisonous Plants of Australia.* Sydney: Angus and Robertson, 1974, pp. 74-75.

5. Kingsbury, John M., "Asclepias sps", *Poisonous Plants of the United States and Canada.* New Jersey: Prentice-Hall, 1964, pp. 267-271.

PLAYERA

APOCYNACEAE

Catharanthus roseus (L.) G. Don
Cangrejera, flor de todo el año
Periwinkle, church flower

Planta ornamental, subleñosa, pubescente, de tallo tetrágono, muy común en los jardines, en terrenos arenosos de las costas, lugares yermos, a lo largo de las carreteras y caminos, naturalizada en Puerto Rico, nativa de Madagascar.

Crece hasta 50 cm aproximadamente. Sus hojas son opuestas, cerca de 5 cm de largo, de forma espatulado-oblongas, mucronadas, pubescentes, una un poco más alta que la otra opuesta. Sus flores son rosadas, encarnadas o blancas, cerca de 4 cm de diámetro, gemelas y axilares, de pedúnculo cortísimo, cáliz 5-partidos con sépalos lanceolados puntiagudos; su fruto es una legumbre comprimida, pubescente, con numerosas semillas pequeñas.

Esta planta contiene un gran número de alcaloides. De estos hay cuatro de gran uso en la medicina oncológica y se conocen con los nombres de vinblastina, vincristina, vinleurosina y vinrosidina (1).

La vinblastina se ha usado en una gran variedad de neoplasmas y se recomienda en la enfermedad de Hodgkin generalizada y en coriocarcinomas resistentes a otra terapia (2). La vincristina se recomienda en el tratamiento de leucemia aguda y en la terapia combinada de la enfermedad de Hodgkin (3).

Síntomas de toxicidad con la vinblastina incluyen leucopenia, manifestaciones neurológicas como depresión mental, parestesias, pérdida de reflejos de tendones profundos, mala función del sistema nervioso autonómico, ej.: estreñimiento marcado; disturbios gastrointestinales, ej.: náusea, vómitos, anorexia y diarreas.

Síntomas de toxicidad con la vincristina son mayormente neurológicos, parestesias, pérdida de reflejos de tendones profundos,dolores neuríticos, dificultades para caminar, ronquera, dolor de cabeza, doble visión y estreñimiento marcado (4).

Se presentan además en la intoxicación de ambos alcaloides, alucinaciones, ataxia, alopecia, daños renales, hepáticos y leucopenia.

A un paciente con los efectos de alucinógenas no se le debe permitir la soledad debido a las reacciones psicóticas. Se sugiere el uso de la clorpromazina, barbituratos u otra droga similar. Se recomienda que el paciente se someta a tratamiento psiquiátrico (4).

Deben considerarse los efectos arriba enumerados para el tratamiento sintomático.

REFERENCIAS

1. Tyler, Varro E., Lynn R. Brady and James E. Robbers. "Catharanthus alkaloids", *Pharmacognosy*, 8th. edition. Philadelphia: Lea & Febiger, 1981, pp. 238-239.
2. Goodman, Louis S., Alfred Gilman, Editors, and Assoc. Editors. Alfred G. Gilman and George B. Koelle, "Vinca Alkaloids, Therapeutic Uses and Clinical Toxicity", *The Pharmacological Basis of Therapeutics*, 5th. ed., New York: MacMillan, 1975, pp. 1286-1287.
3. Lewis, Walter H., Memory P.F. Elvin Lewis. "Naturally occurring agents", *Medical Botany, Plants Affecting Man's Health*. New York: John Wiley and Sons, 1977, pp. 127-131.
4. Lampe Kenneth F. and Rune Fagerström. "Hallucinogen Producing Plants. Physiological effects, treatment", *Plant Toxicity and Dermatitis, A Manual for Physicians*. Baltimore: The Williams and Wilkins Co., 1968, pp. 140-141.

RABANO CIMARRON

ARACEAE

Dieffenbachia seguine (Jacq.) Schott
Dumb cane

Planta nativa típica de zonas húmedas en las alturas bajas y medianas de la Isla, también se encuentra en México, las Antillas Mayores y la América del Sur.

Puede crecer de 1 a 2 m de alto. Sus pecíolos son muy poco acanalados; sus hojas, con franjas blancas, en forma de manchas de diversos tamaños; lámina oblongada u ovado-oblongada, redondeada o algo acorazonada o aguda en la base. La vena central, ancha y gruesa; la espata, corta o larga y aguda.

Los compuestos químicos presentes en todas las partes de la planta y que son responsables de la toxicidad de la planta son: la abundancia de cristales de oxalato de calcio, una proteína encimática tóxica y un compuesto químico libre de nitrógeno (1).

La presencia de la gran cantidad de cristales de oxalato de calcio en las hojas y demás partes de la planta puede ser la causa de la lesión principal que se inicia. Luego la enzima proteolítica ejerce su toxicidad en el tejido afectado (2).

El comer, masticar, probar o ingerir fragmentos de la planta produce una rápida quemazón e irritación en la superficie de la boca, lengua, labios, faringe, esófago y estómago. Se produce salivación excesiva e inflamación edematosa. Puede producirse una inmovilización de la lengua que afecta los procesos de tragar los alimentos y respirar. El paciente puede quedar imposibilitado de hablar (3), (4), (5). Esta serie de síntomas puede durar varios días y hasta semanas. Se presentan también síntomas de náuseas, vómitos y diarreas (6).

Debe usarse un analgésico con el fin de eliminar el dolor intenso en la boca.

La magma de hidróxido de aluminio y magnesio debe usarse para eliminar la irritación de la boca, garganta y el tubo gastrointestinal. Debe tomarse 1 onza cada dos horas (7). Pueden usarse corticoides líquidos intravenosos si fuera necesario. La alimentación debe ser de líquidos y purés si no se ha ingerido material sólido de la planta (7).

REFERENCIAS

1. Arditti, Joseph and Eloy Rodríguez, "Uses, abuses and toxic constituents of Dieffenbachia: a review", *J. Ethnopharmacol.* 5 (3): 293-302, 1982.
2. Walter, W.G., and P.N. Kanna. "Chemistry of the aroids I. Dieffenbachia seguine, D. amoena and picta", *J. Econ. Bot.* 26 (4): 364-372, 1972.
3. Drach, George and Walter H. Maloney. "Toxicity of the common house plant Dieffenbachia", *J. Am. Med. Assoc.* (184): 1047-1048, 1963.
4. Everist, Selwyn L., "Dieffenbachia seguine", *Poisonous Plants of Australia.* Sydney: Augus and Robertson, 1974. p. 71.
5. Mitchell, John and Arthur Rook. "Dieffenbachia seguine", *Botanical Dermatology, A Manual for Physicians.* British Columbia, Canada: Greengrass, 1979, pp. 147, 738.
6. Hardin, James W. and Jay M. Arena. "Dieffenbachia seguine", *Human Poisoning from Native and Cultivated Plants.* Durham, NC: Duke University Press, 1974, pp. 48-49.
7. Lampe Kenneth F., and Rune Fagerström. "Treatment", *Plant Toxicity and Dermatitis, A Manual for Physicians.* Baltimore: The Williams & Wilkins Co., 1968, pp. 12-13.

Rascaso
Euphorbia petiolaris

RASCASO

EUPHORBIACEAE

Euphorbia petiolaris Sims
Indio desnudo
Manchineel berry, broad leaved spurge

Arbol pequeño o arbusto que habita en zonas áridas en la costa. Se encuentra corrientemente en las malezas de la costa en el este, sur y sudoeste de Puerto Rico. También en las islas de Mona, Culebra, Vieques, Santa Cruz, La Española, Antillas Menores y Las Bahamas.

Se distingue fácilmente por su corteza lustrosa, color castaño, que se separa en láminas; sus ramitas articuladas con hojas ternadas, de 1 a 1.5 cm de ancho en los nudos recrecidos y por sus peciolos delgados, mayormente más largos que las láminas. Crece generalmente alrededor de 6 m de altura, y de tronco de 4 a 8 cm de diámetro.

Las flores tienen 5 lóbulos amarillentos, semejantes a pétalos, cada uno con una glándula en la base. Su fruto es una cápsula suave de 3 ángulos que se divide en 3 partes aquilladas, cada una con una semilla blanca.

La secreción láctea de esta euforbia produce efectos irritantes al exterior, y sobre el tracto gastrointestinal al inferior (1). Puede usarse el tratamiento sintomático si ocurriese algún envenenamiento al interior.

REFERENCIAS

1. Little Elbert L., Frank H. Wadsworth y José Marrero. "Rascaso, Euphorbia petiolaris sims", *Arboles Comunes de Puerto Rico y las Islas Vírgenes,* San Juan de Puerto Rico: Editorial de la Universidad de Puerto Rico, 1967, p. 360.

RUIBARBO

POLYGONACEAE

Rheum rhaponticum L.
Pie-plant, curled dock, garden rhubarb

Planta oriunda de Bulgaria, cultivada por los gruesos pecíolos de sus hojas radicales. Sus raíces son carnosas y largas; sus hojas mayormente radicales, ovado-acorazonadas, de 2.5 a 3.5 dm o más de largo; tallo de las flores hueco, sus flores color blanco verdoso con pedicelos delgados unidos. Su fruto ovado-acorazonado; cerca de 1 a 1.5 cm de largo.

El peciolo de la hoja se ha usado como alimento, y la planta se cultiva en muchos jardines. Su sabor agradable se debe a su contenido de ácido málico. La acidez se debe a este ácido y al oxálico. El contenido de este último y de oxalatos solubles puede ser alto en algunas ocasiones para producir envenenamientos fatales (1) mayormente en animales.

El envenenamiento con esta planta sigue un curso lento debido a su pausada digestión. Las náuseas y el estupor son los primeros síntomas en presentarse. Luego de algún tiempo se presenta una fuerte gastroenteritis acompañada de vómitos y diarrea sanguinolenta. El paciente manifiesta un abdomen hinchado a consecuencia de fermentación de material no digerido. Se intensifica el dolor de cabeza y la somnolencia (2).

REFERENCIAS

1. Kingsbury, John M., "Rheum rhaponticum L., Rhubarb", *Poisonous Plants of the United States and Canada,* Englewood Cliffs, New Jersey: Prentice-Hall, 1964. p. 230.

2. Lampe, Kenneth F. and Rune Fagerström. "Rheum rhaponticum", *Plant Toxicity and Dermatitis, A Manual for Physicians,* Baltimore: The Williams & Wilkins Co., 1968. pp, 78-79.

SACABUCHE

SOLANACEAE

Physalis peruviana L.
Alquequenje
Ground cherry, hush tomato.

Planta herbácea anual, ramosa, de tallo estriado, presente en las Antillas Mayores, en las Islas Vírgenes y en la América tropical.

Crece de 3 a 6 dm de alto, hojas suavemente pubescentes, anchas, a menudo no dentadas, uniformemente cordiformes o truncadas en la base. Sus flores son de 1 a 1.5 cm de largo, campanuladas, con borde extendido, de color amarillo pálido y el interior con manchas color púrpura, veteadas. Su fruto es una baya color amarillo.

Se han separado de las hojas y raíces numerosos compuestos químicos, entre ellos cuatro derivados alcaloidales glucoesteroides. La toxicidad de la planta se debe a estos compuestos orgánicos (1), (2), (3), (4), (5).

Los síntomas principales que se presentan son náuseas, anorexia, emesis, cólico y diarrea. Muy a menudo se presenta fiebre. El paciente puede presentar sudoración, salivación, dificultad para respirar y debilidad muscular. Puede presentarse a menudo dolor de cabeza y pérdida de la memoria.

En las etapas más avanzadas del envenenamiento pueden presentarse heces sanguinolentas debidas a ulceración intestinal y hemorragia. Puede haber también daño renal con proteinuria y hemoglobinuria.

Se sugiere el tratamiento sintomático. Generalmente el principal tratamiento debe ser para la gastroenteritis. Debe observarse si se presentan cambios renales.

REFERENCIAS

1. *Chem. Abst.* (85): 90175t, 1976. "Isolation of 4 B-hydroxiwithanolide E, a new withanolide from P. peruviana L.", Sakurai, Kensuke; Ishü. Hiroshi; Kabayashi, Shinobu and Iwao Love, *Chem. Pharm.* Bull., 24 (6): 1403-1405, 1976.

2. Aschev, K.R.S. Nadia E. Neneny; Miriam Eliyabee; I. Kirson, A. Abraham; and E. Glutter, "Insect antifeedant properties of withanolides and related steroids". *Experimentia,* 36 (8): 998, 1980.

3. Ray, Anil B; Shahai, Mahendra; and Probhu D. Sethi. "Physoperuvine, a new alkaloid of P. peruviana L.", *Chem. Ind.* (London) (10): 454-455, 1976.

4. Kirson, Isaac; Arie Abraham; Probhu D. Sethi. S. Sankara Subramanian and Erwin Glotters, B- Hidroywithanolide E, Neneny natural steroid with a 17 a-oriented side chain, *Phytochemistry,* (15): 340-342, 1976.

5. Beresford, Pamela J. and Jack E. Wooley. "Biosynthesis of tigloidine in P. peruviana", *Phytochemistry,* 13 (10): 2143-2144, 1974.

6. Lampe, Kenneth F. and Rune Fagerström. "Physalis sps, Symptoms, Treatment", *Plant Toxicity and Dermatitis, A Manual for Physicians.* Baltimore: The Williams & Wilkins Co., 1968, pp. 73-75.

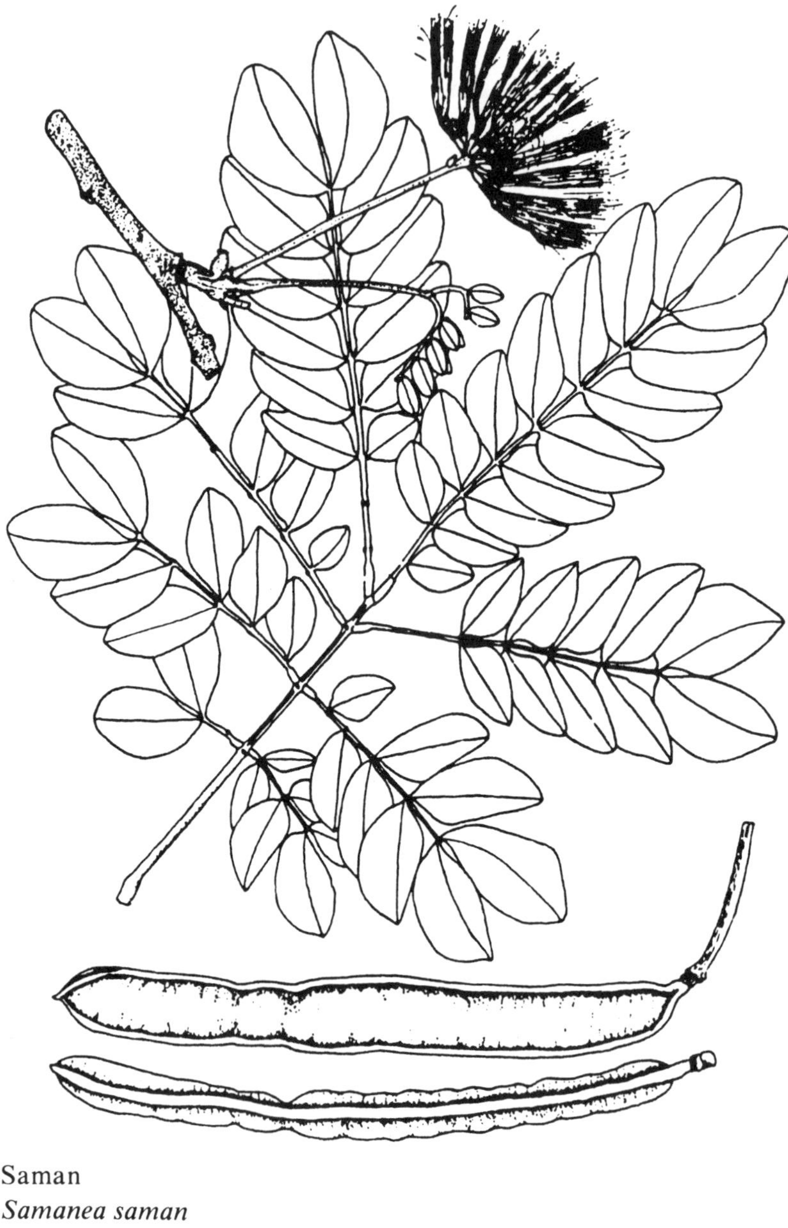

Saman
Samanea saman

SAMAN

MIMOSACEAE

Samanea saman (Jacq.) Merill
Dormilón, guango

Este hermoso y conocido árbol de sombra, naturalizado en Puerto Rico, es oriundo del área comprendida desde Méjico (península de Yucatán) hacia el sur de Guatemala, Perú, Bolivia y Brasil, además ampliamente distribuido por las Antillas y otros países tropicales del Viejo Mundo.

Crece de 15 a 25 m de alto, con una copa formada por ramas horizontales, largas y gruesas, con tronco relativamente corto y grueso hasta de 4 pies de diámetro. Sus hojas, dos veces pinadas con muchas hojuelas casi de 4 lados, de 15 a 30 mm de largo y de 5 a 10 mm de ancho; los lados son desiguales y las hojuelas del extremo marcadamente mayores que las otras. Sus frutos consisten en vainas achatadas negruzcas o de color castaño, de 8 a 15 cm de largo y de 1 a 2 cm de ancho y 5 mm de grueso, con pulpa dulce. Su margen es levantado, y en su interior tienen varias semillas oblongas, de color castaño rojizo, como de 5 mm de largo.

Las hojas contienen un grupo de compuestos heterogéneos, alcoholes, esteroles, glucósidos y ácidos grasos (1). Otros compuestos han sido obtenidos de la semilla, la madera del corazón, incluyendo dos saponinas (2), (3), (4), (5), alcaloides (1), (6) serotonina y norepinefrina (7).

La fruta ha demostrado ser una buena fuente de proteínas, carbohidratos y minerales con alto valor nutritivo (8).

Las saponinas actúan como sustancias irritantes y producen fuerte gastroenteritis. Se absorben muy poco y, a menos que se produzcan serios daños intestinales, no producen toxicidad sistémica, que si se produce está en proporción con el grado de hemólisis producido. La gastroenteritis intestinal se manifiesta por el aumento en salivación, náusea, vómitos, dolor abdominal y gastroenteritis (9).

Se sugiere el uso de demulcentes, ej.: albúmina de huevo. Para el alivio de la gastroenteritis se sugiere el uso de la suspensión de hidróxido de alúmina y silicato de magnesio. Evite la deshidratación con la administración de soluciones intravenosas. Use oxígeno artificial si fuere necesario (9).

REFERENCIAS

1. Misra G.S.K. Nigam and C.R. Mitra. "Constituents of Samanea saman: leaves, seeds and heartwood", *Phytochem.* 10 (12):3313-3314, 1971.
2. Nigan, S.K., G. Misra and C.R. Mitra. "Constituents of Samanea saman bark", *Phytochem.* 10 (8):1954-1955, 1974.
3. *Chem. Abs.* (89):247142, 1978. "Two new saponins (Samanine-A and Samanine-B) from Pithecelobium saman Benth", Varshney, I.P., Vijas Promod., Srivasta, H.C. and P.P. Singh. *Indian J. Chem. Sect. B,* 16 B (2):166-167, 1978.
4. *Chem. Abs.* (89):136278a, 1977. "Samanin-a, a new saponin from the seeds of Pithecelobium saman Benth", Varshney, I.P., and Promod Vyas, *Indian J. Chem., Sect. B,* 14 B (10):814-815, 1976.
5. *Chem. Abs.* (87):197254N, 1977. "Study on Samanin C, a New saponin from Pithecelobium saman wood", Varshney, I.P., and D.C. Jain. *Indian J. Pharm.* 39 (4):80-81, 1977.
6. *Chem. Abs.* (69):36320t, 1968. "Structure of pethecelobine", Wiesner, K.D.M. MacDonald, C. Bankiewicz and D.E. Orr, *Can. J. Chem.* 46 (11):1881-1886, 1968.
7. Applewhite, P.B. "Serotonin and norepinephrine in plant tissues", *Phytochem.* 12 (1):191-192, 1973.
8. *Chem. Abs.* (41):1348g, 1947. "Composition of "raintree" fruits", V.R. Bhalerao, and Saslur Noshir, *Current Sci.* (15):250-251, 1946.
9. *Chem. Abs.* (55):27652c, 1961. "Pharmacology of the alkaloid fraction from the bark of the Jamaican shade tree Pithecelobium saman", B.E. Leonard and H.S.A. Sherrat, *Nature,* (191):287, 1961.

SESO VEGETAL

SAPINDACEAE

Blighia sapida Koënig
Akee, vegetable brains

Este árbol es oriundo del Africa Occidental y se encuentra bajo cultivo en los trópicos del Mundo. Es pequeño y puede crecer hasta 10 m de alto con un tronco de un diámetro de 2 dm.

Se caracteriza por sus hojas alternas pinadas con 3 a 5 pares de hojuelas largas elípticas de color verde amarillento; numerosas flores blancas, de aproximadamente 1 cm de ancho en racimos largos y estrechos en la base de las hojas. Su fruto es una cápsula carnosa inclinada y atractiva, color rojo, de 4 a 6 cm de largo, de forma triangular.

La cubierta color blanca o cremosa de la semilla puede comerse fresca, cuando está firme en la fruta, pero no la membrana roja, rosa o anaranjada brillante. Esta membrana es venenosa y debe removerse antes de cocinarla para comerse. Se cocina ligeramente adicionando sal común y mantequilla para freirse o comerla en sopas. Su sabor es similar al de sesos de animales. Desgraciadamente, si el material no es fresco o si se obtiene de ramas partidas, es venenosa y producirá la muerte.

Las frutas y sus semillas contienen los polipétidos hipoglicina A y B y otros péptidos (1). La fruta verde contiene mayor cantidad del primero de estos compuestos químicos venenosos (2). La hipoglucina se considera responsable de la enfermedad del vómito (3).

Varias horas después de comer la fruta verde, la persona comienza a sentirse enferma, con frío en la cabeza, en algunos casos con pérdida del apetito y sueño; luego comienza a vomitar intensamente y le sigue el sueño. Se le presenta malestar del estómago, nuevamente vómitos que le conducen al coma y la muerte (4).

REFERENCIAS

1. Hassall, C.H. and K. Reyle. "Hypoclycin A and B, two biologically active polypeptides from Blighica sapida, *Biochem J.*, (60): 334, 1955.
2. Hassall, C.H., K. Reyle and P. Fong. "Hypoclycin A, B: Biologically active polypeptides from Blighica sapida", *Biochem J.*, (60):334, 1955.
3. Peraud, T.V.N., "Teratogenic Effects of Hypoglicin A". *Nature* (217):4f71, 1968.
4. Scott, H.H., "On the Vomiting Sicknees of Jamaica", *Ann. Trop. Medicine Parasit.* (10): 1, 1916.

SICILIANA

NYCTAGINACEAE

Mirabilis jalapa L.
Don Diego de noche
Four O' clock

Planta muy corriente en terrenos yermos, cerca de los bosques y en patios y jardines. Nativa de la América del Sur, hoy en día se encuentra distribuida por los trópicos y subtrópicos.

Es una hierba perenne con grandes raíces tuberosas, muy ramosa, que crece de 3 a 7 dm de alto. Sus hojas son opuestas, algo carnosas, aovadas, acuminadas, a veces esparcidamente ciliadas. Sus flores se presentan en cimas; invólucros campanulados, de 7 a 8 mm de alto y pubescentes. Su fruto es de 8 a 10 mm de largo, color negro, arrugado, con pequeñas semillas rellenando su pericarpio.

Las hojas contienen un grupo de compuestos orgánicos análogos (1), mientras que la raíz contiene el alcaloide trigonelina y un compuesto resinoso, al cual debe la raíz su acción purgativa. En la semilla se encuentran rafidios de oxalato de calcio (2) y un grupo de aminoácidos (3).

Las raíces y semillas producen náuseas, vómitos, dolor en el estómago y diarreas (4).

La raíz y la semilla son irritantes a la piel y la mucosa (5).

Se sugiere el lavado gástrico o la emesis. El tratamiento es mayormente sintomático.

REFERENCIAS

1. *Chem. Abst.* (84): 132641d, 1976. "Some chemical constituents of M. jalapa L.", Bahari, M., Andhiwal, C.K. and M. Streibe, *Collect. Czech. Chem. Commun.* 41 (1): 295-298, 1976.

2. Watt, John M. and María G. Breyer Brandwijk. "Mirabilis jalapa", *The Medicinal and Poisonous Plants of Southern and Eastern Africa,* 2nd. Ed., Edinburgh: E. & S. Livingstone, 1962, p. 801.

3. *Chem. Abst.* (87): 114636p, 1977. "Amino acids in certain medicinal plants". Behari, Mukat and C.K. Andhiwal, *Acta Cienc. Indica,* 2 (3): 229-230, 1976.

4. Hardin, James W. and Jay M. Arena. "Mirabilis jalapa", *Human Poisoning from Native and Cultivated Plants,* 2nd. Ed., Durham, NC: Duke University Press, 1974, p. 75.

5. Mitchell, John and Arthur Rook. "Mirabilis jalapa", *Botanical Dermatology, Plants Injurious to the Skin.* Vancouver: Greengrass, 1979, p. 491.

SONAJUELA

PAPILIONACEAE

Crotalaria retusa L.
Cascabelillo, matraca
Rattleweed, yellow lupin

Planta silvestre que se encuentra en los caminos y en terrenos yermos y cultivados. Crece en las Antillas del Caribe, en la América tropical y en los trópicos del Viejo Mundo.

Crece a una altura de 50 cm, es anual, pubescente y su tallo es estriado a lo largo. Sus hojas son alternas de 5 a 7 cm de largo, espatuladas u oblongas, glabras por encima y sedoso pubescentes por debajo. Sus flores son grandes, anaranjadas por fuera, amarillas por dentro, en racimos terminales. Su fruto es una legumbre de 5 cm de largo casi cilíndrica, oblongada con 4 a 6 semillas redondas.

Se han separado de esta planta varios alcaloides responsables de la actividad de la planta (1).

En el envenenamiento agudo se observa pérdida del apetito, heces sanguinolentas, flujo nasal, diarrea, debilidad general y coloración amarilla de la membrana mucosa. Los cambios patológicos esenciales incluyen edema pulmonar, producido en la mayoría de los animales, y necrosis hemorrágica central en el hígado. La muerte se presenta por un fallo cardiaco (2).

No hay tratamiento establecido para el envenenamiento con esta planta. Se recomienda tratar el balance electrólito y el uso inmediato de solución de glucosa intravenosa. En casos relacionados con una franca deficiencia de vitamina B, el uso de soluciones de tiamina y riboflavina puede ser de mucha ayuda. Deben verificarse los efectos de la acidosis en el paciente (3).

REFERENCIAS

1. Watt, M.J. and M.G. Breyer-Brandwijk. "Crotalaria retusa", *Medical and Poisonous Plants of Eastern and Southern Africa,* 2nd. Ed., London: E. & S. Livingstone, 1962, pp. 586-590.

2. Perkins, Kent D. and Willard W. Payne. "Crotalaria retusa", *Guide to the Poisonous and Irritant Plants of Florida.* Gainsville, Fla.: University of Florida, 1980, p. 21.

3. Lampe, Kenneth F. and Rune Fagerström. "Liver damaging Plants, Treatment", *Plant Toxicity and Dermatitis, A Manual for Physicians.* Baltimore: The Williams & Wilkins Co., 1968, p. 151.

TABACO

Nicotiana tabacum L.
Tobacco

Planta oriunda de la América del Sur. Los descubridores vieron por primera vez a los indígenas de las Antillas y América Central fumando y embriagándose con el humo (1).

El tabaco fue por décadas el cultivo más importante de Puerto Rico después de la caña de azúcar y el café, llegando a ocupar lugar muy importante en las exportaciones del país. Sin embargo, su cultivo y elaboración para fines comerciales ha venido decayendo en los últimos años con las fluctuaciones de su precio en el mercado mundial y el conocimiento que hoy se tiene del tabaco como causa del cáncer del pulmón.

Es una planta anual, afelpada o densopubescente, al tacto es glandulosa viscosa de olor característico.

Sus hojas son alternas de 40 a 50 cm de largo, sésiles, lanceolada oblongas, puntiagudas, las superiores son de forma más elíptica. Sus flores son blancas, de aproximadamente 6 cm; se presentan en cimas o corimbos arracimados terminales, las divisiones de la corola son rosadas. Su fruto es una cápsula bicelular con numerosas semillas muy pequeñas.

Las hojas de tabaco contienen, principalmente, los alcaloides nicotina, pequeña cantidad de nornicotina, y otras bases orgánicas. Las raíces contienen otros alcaloides (2).

Las hojas de tabaco se han usado como astringente al exterior para contener hemorragias de heridas. Se han usado también para el tratamiento de las picadas de insectos y las mordeduras de serpientes. También se ha usado un extracto de la planta como parasiticida (2).

Ni el tabaco ni la nicotina se usan en la medicina actualmente. Son sustancias que producen daños fisiológicos al organismo. El fumar cigarrillos constituye la causa principal del cáncer pulmonar. El tabaco es además factor importante en la enfermedad de las arterias coronarias, enfisema pulmonar y otras enfermedades (3).

El uso del tabaco y sus productos en la agricultura y como insecticida ha producido dermatitis, particularmente en los dedos pulgar e índice, hiperqueratosis y distrofia de las uñas (4).

Al interior, el extracto del tabaco y su alcaloide nicotina producen vómitos, diarreas, disminución del pulso y fallo respiratorio. Con una mayor dosis se efectúa una disminución de la presión arterial y aumento del pulso (5).

Se sugiere el lavado gástrico, si los síntomas sobresalientes no han aparecido, o la emesis. Se recomienda el uso del carbón activado en forma de suspensión o una suspensión de ácido tánico para inactivar los alcaloides. Pueden usarse medidas de soporte, ej. respiración artificial con oxígeno, electrocardiogramas y otras (6).

REFERENCIAS

1. Stahl, Agustín. *Flora de Puerto Rico,* 2a. ed., San Juan de Puerto Rico: Imprenta Venezuela, 1937. t. III, p. 217.
2. Watt, John M. and María Gerdino Breyer Brandwijk. "Nicotiana tabacum", *The Medicinal and Poisonous Plants of Southern and Eastern Africa.* London: E. & S. Livingstone, 1962, pp. 987-988.
3. Lewis, Walter H. and Memory P.F. Elvin-Lewis. "Tobacco and Nicotine", *Medical Botany, Plants Affecting Man's Health.* New York: John Wiley & Sons, pp. 388-390.
4. Mitchell, John and Arthur Rook. "Nicotiana tabacum", *Botanical Dermatology, Plants and Plant Product Injurious to the Skin.* Vancouver: Greengrass, 1979, pp. 652-655.
5. Goodman, Louis S., Alfred Gilman and Assoc. Editors. "Tobacco... Acute Nicotine Poisoning", *The Pharmacological Basis of Therapeutics* 5th. ed., New York: MacMillan, 1975, pp. 568-569.
6. Hardin, James W. and Jay M. Arena. "Nicotiana tabacum L... Poisoning... to the physicians...", *Human Poisoning from Native and Cultivated Plants.* Durham, NC: Duke University Press, 1974, pp. 140-141.

TARTAGO

EUPHORBIACEAE

Jatropha curcas L.
Pinón
Physic nut

Arbusto cultivado como planta ornamental en patios y jardines. Es oriundo de la América tropical y se encuentra en las Antillas y en la América continental desde el Sur de Florida hasta Tejas y desde Méjico hasta Brasil; introducido a los países del Viejo Mundo.

Crece de 3 a 5 m de alto, con tronco hasta de 10 cm de diámetro. Sus hojas son alternas, acorazonadas en la base, 3 a 5 lobadas, mayormente agrupadas en el terminal de las ramillas; pecíolo verde pálido de 5 a 10 cm de largo. Su fruto se presenta en cápsulas elípticas, pardo oscuro, de 2 a 4 cm de diámetro con tres semillas oblongas de 1 1/2 a 2 cm de largo.

Las semillas constituyen la parte más tóxica de la planta y contienen un grupo de ésteres poli-insaturados del forbol (1). Contienen, entre otros compuestos de 0.1 porciento de un complejo resino-lípido tóxico. Además de estos compuestos químicos tóxicos, las semillas contienen una toxialbúmina, denominada curcin, presente en el endospermo. La corteza contiene una sapogenina esteroidal. Se ha encontrado, además, ácido cianhídrico en las hojas, corteza, raíz y la fruta (2).

Los niños, mayormente, cogen atractivas frutas y semillas, queriéndolas usarlas como alimento. Al cabo de varios minutos se presentan síntomas de intoxicación: náuseas, vómitos violentos, diarreas sanguinolentas, contracciones espasmódicas en las extremidades y, luego, el estado de coma. Tres semillas son suficiente para producir síntomas fuertes de intoxicación (3). En la garganta producen una fuerte sensación quemante (4) y dolor abdominal.

La toxialbúmina curcina es tóxica para la sangre. Produce aglutinación y precipitación de los corpúsculos rojos (5).

El látex que se desprende al quebrarse cualquier parte de la planta produce fuerte dermatitis (6).

Se sugiere el lavado del estómago, a menos que el vómito haya sido extenso. Si el curso del envenenamiento es corto, el paciente puede quedar asintomático dentro de las 24 horas. Debe actuarse con prontitud y después del lado gástrico proteger la mucosa gastrointestinal con subcarbonato de bismuto o trisilicato de magnesio. Si la diarrea no ha producido desórdenes electrólitos puede permitirse que continúe con el fin de doxificar el organismo. Evite sin embargo, la deshidratación (7).

REFERENCIAS

1. Adolf, W., H.J. Opferhuch and E. Hecker. "Irritant phorbol derivatives from Jatropha species", *Phytochemistry,* 1984, 23 (1): 129-132, 1984.
2. Watt, John M. and María G. Breyer-Brandwijk. "Jatropha curcas", *The Medicinal and poisonous Plants of Southern and Eastern Africa,* 2nd. edition. Edinburgh: E. & S. Livingstone, 1962, pp. 420-422.
3. Hardin, James W. and Jay M. Arena. "Jatropha curcas", *Human Poisoning from Native and Cultivated Plants.* Durham, NC: Duke University Press, 1969, p. 94.
4. Lewis, Walter H. and Memory P.F. Elvin Lewis. "Jatropha curcas", *Medical Botany, Plants affecting Man's Health.* New York: John Wiley & Sons, 1977, pp. 190-191.
5. Chopra, R.N., R.L. Badevar and S. Ghosh. "Jatropha curcas", *Poisonous Plants of India.* Calcutta: Government of India Press, 1949, p. 19.
6. Mitchell, John and Arthur Rook. "Isotoma longiflora", *Botanical Dermatology, Plants and Plant Products Injurious to the Skin.* Vancouver: Greengrass, 1979, p. 151.
7. Lampe, Kenneth F. and Rune Fagerstrom, *Plant Toxicity and Dermatitis, A Manual for Physicians.* "Jatropha spp. Prognosis and Treatment", pages 66-88 and page 64. The Williams & Wilkins Co. Baltimore, 1968.

TARTAGO EMETICO

EUPHORBIACEAE

Jatropha multifida L.
Don Tomás
Coral plant, coral bush

Es un arbusto o árbol pequeño, ornamental muy atractivo, presente en las Antillas, desde el sur de Florida hasta Tejas, Hawai, y desde México hasta Brasil.

Puede crecer hasta 5 m, con un tronco de 7 cm. Se reconoce fácilmente por su jugo lechoso o látex blanco que brota de porciones partidas, por sus hojas de largos pecíolos profundamente palmeado-lobulados; numerosas flores pequeñas, rojas o escarlata, con la cima aplanada, y por sus frutos en forma de cápsula redonda, color amarillo, trilobulada, con una semilla en cada división.

Las semillas contienen un aceite fijo que produce una acción catártica intensa. Contiene además una toxialbúmina de fuertes efectos venenosos (1), (2).

El tratamiento para el envenenamiento sigue las sugerencias estipuladas para el tártago (véase).

REFERENCIAS

1. Osol, Arthur, George E. Farrar and Collaborators. "Barbados Nuts", *The Dispensatory of the United States of América,* 24th. Ed., Philadelphia: J.B. Lippincott Co., 1947, p. 1355.

2. Mitchell, John and Arthur Rook. "Jatropha multifida", *Botanical Dermatology, Plants and Plant Products Injurious to the Skin.* Vancouver: Greengrass, 1979, p. 292.

Tártago emético
Jatropha multifida

TIBEY TUPA

LOBELIACEAE

Lobelia portoricencis (Vatke) Urban
Tibey colorado

Planta endémica de Puerto Rico que crece de 1 a varios metros de alto en los bosques montañosos en las elevaciones medianas y altas.

Su tallo es glabro o pubescente en la parte superior. Sus hojas son oblongas a elípticas o elíptico-lanceoladas, membranosas, glabras, brillantes, con pecíolo delgado, de 1 a 2.5 dm de largo, finamente denticuladas y largo acuminadas, y la base cuneiforme. Sus flores se presentan en racimos pubescentes, cerca de 2 dm o menos de largo con brácteas lineares y pedicelos de 2 a 3 cm de largo; su corola, rojo verdoso, cerca de 2.5 cm de largo. Su fruto es una cápsula globosa-ovoide, de 10 a 15 mm de largo (1).

El autor de la presente obra separó, cristalizó y purificó un nuevo alcaloide (1.25 por ciento en las hojas secas), al que le asignó el nombre de "portorricina". Es muy posible que se encuentren presentes otros alcaloides, en cantidades menores, en la planta. Estimula la respiración por su acción sobre el centro respiratorio en las carótidas (2).

Los síntomas de intoxicación, al haber ingerido las hojas o cualesquiera otra parte de la planta, son: irritación de la membrana mucosa de la boca, aumento de la salivación, vómitos persistentes, violentos y hasta sanguinolentos.

El paciente sufre de vértigo, sed intensa y sudores fríos. Las pupilas se dilatan. Puede haber aumento de la temperatura, supresión o exceso de secreción urinaria.

El dolor de cabeza es común. El paciente puede presentarse confuso, con delirios y alucinaciones. Puede haber parálisis y coma, o simplemente convulsiones.

Se sugiere que se provoque el vómito, si no ha aparecido ya, o se use el lavado gástrico, preferiblemente con solución de permanganato de potasio, 1 en 10,000, lo más pronto posible. Debe usarse carbón medicinal en polvo, suspendido en agua o leche. Debe suministrarse respiración con oxígeno. Debe bregarse con las convulsiones, hipotensión y la atonía del tracto gastrointestinal (3).

REFERENCIAS

1. Britton, N.L., "Tupa portoricencis Urban", *Scientific Survey of Puerto Rico and the Virgin Islands.* New York: New York Academy of Science, 1925, p. 272.

2. Núñez Meléndez, Esteban; Luis Carreras y José R. Gijón, "New Alkaloid from Lobelia portoricencis Urban", p. 1677-1680, *Jour of Pharm. Sc.,* (56), 1967.

3. Lampe, Kenneth F. and Rune Fagerström. "Nicotine and Lobeline Group", *Plant Toxicity and Dermatitis, A Manual for Physicians.* Baltimore: The Williams & Wilkins Co., 1968, pp. 114 y 109.

TIBEY BLANCO

LOBELIACEAE

Hippobroma longiflora (L.) G. Don
Tibey, cipril
Star of Bethlehem

Planta herbácea, anual, que vegeta en sitios pedregosos, pero prefiere donde haya alguna humedad y sombra en Puerto Rico. Se encuentra también además en las Indias Occidentales, la América tropical y subtropical y en otros países del Viejo Mundo.

Crece aproximadamente hasta 40 cm de alto, con hojas cerca de 10 cm alternas, sésiles, oblaceolado oblongas sinuoso dentadas y pubescentes. Sus flores son largas, blancas, solitarias, axilares con pedúnculo cerca de 1 cm; su corola con el tubo largo, filiforme, 3 a 4 veces mayor que el cáliz y casi del largo de las hojas. Su fruto es una cápsula semínfera y bicelular con numerosas semillas pequeñas, redondas.

Esta planta contiene el alcaloide tóxico lobelina (1). Se ha informado también la presencia de lobelanidina (2), isotomina (3) y otro derivado de estos alcaloides (4).

El jugo celular de todos los órganos de la planta produce irritación de los ojos y sensación quemante en la boca y la garganta. Una gota en los ojos puede producir pérdida de la visión (5).

Síntomas del envenenamiento son: la intensa polipnea, seguida de una depresión respiratoria, dependiendo de la concentración alcaloidal. Se presenta una contracción del bazo e hipertensión, seguida de hipotensión, un estímulo del sistema nervioso central y convulsiones (6).

Se sugiere que se produzca la emesis si el estómago no se ha vaciado por los vómitos producidos por el envenenamiento. Se prefiere el uso de solución de permanganato de potasio (1 en 10,000). Puede usarse carbón medicinal pulverizado en suspensión con leche o agua. Debe instituirse respiración artificial con oxígeno y controlar convulsiones. La hipotensión debe controlarse con fenilefrina de 2 a 4 mg intravenosa u otra droga similar. Puede usarse un laxante o una solución de nitrato de picolocarpina (5 mg por vía oral) para bregar con la crisis de la atonía gastrointestinal (7).

REFERENCIAS

1. Arnold, H.L., *Poisonous Plants of Hawaii.* Honolulu: Fong Publishing Co., 1944, p. 45.
2. Adams, Dennis; Kenneth Magnus and Compton Seaforth. *Poisonous Plants in Jamaica.* Pub. by the Dept. of Extra Mural Studies, University of the West Indies, p. 24.
3. Lewis, Walter H.; Memory, P.F. Elvin-Lewis. "Isotoma longiflora", *Medical Botany: Plants affecting Man's Health.* New York: John Wiley & Sons, 1977. p. 56.
4. *Chem. Abs.* (58): 9151f, 1963. "New Alkaloid from Isotoma longiflora", H.R. Arthur and Rosalind P.K. Chan, *J. Chem. Soc.,* (1963): 750-751.
5. Mitchell, John and Arthur Rook. "Isotoma longiflora", *Botanical Dermatology Plants and Plant products injurious to the Skin.* Vancouver: Greengrass, 1979, p. 151.
6. Cruz Sánchez, Guillermo. "Pharmacology of I. longiflora", *Rev. Med. Exptl.* (4): 284-318, 1945.
7. Lampe, Kenneth F. and Rune Fagerström. "Nicotine and Lobeline Group, Treatment", *Plant Toxicity and Dermatitis, A Manual for Physicians.* Baltimore: The Williams & Wilkins Co., 1968, p. 109.

TUATUA

EUPHORBIACEAE

Jatropha gossypifolia L.
Tautúa, tautuba, higuereta cimarrona
Spanish physic-nut tree, bellyache bush.

Planta silvestre que se encuentra en terrenos yermos y cultivados en la Isla, también ocurre en Florida, las Bahamas, por todas las Indias Occidentales, y la América continental tropical.

Crece aproximadamente hasta 1 m de alta, ramificada, de hojas ciliadas o glandulíferas en el margen, 3 a 5 lobadas, pubescentes, superficie interior glabra. Los segmentos son aovados, puntiagudos, denticulados o enteros. La inflorescencia se presenta en cimas contraídas con flores de pétalos color púrpura oscuro. Su fruto es una cápsula ovoide o subglobosa truncada en ambos extremos.

Las hojas contienen un grupo de hidratos de carbono complejos que integran las sustancias mucilaginosas que le imparten las propiedades de diurético e hipoglucémico que poseen (1). Contienen, además, un grupo de compuestos flavonoides beneficiosos. Sin embargo, las semillas contienen la toxialbúmina curcina, de propiedades purgativas violentas (2). La planta contiene los compuestos tóxicos denominados lignanos. Las raíces contienen el diterpenoide jatrofón derivado del forbol (3), (4).

El contacto con la savia de la planta produce dermatitis con una fuerte irritación (5).

Los síntomas de la intoxicación se presentan alrededor de una hora después de haberse ingerido semillas principalmente. Se presentan fuertes dolores abdominales, náusea, vómitos y diarreas. En casos de intoxicaciones intensas, los músculos de las extremidades se contraen. Se aumenta intensamente la respiración, con palpitaciones rápidas, acompañadas de hipotensión y anormalidades electrocardiográficas (6).

Si los síntomas generales (ej. náuseas, y otros) no se han presentado todavía, se sugiere que se efectúe el lavado gástrico y se utilicen medidas de soporte si fueran necesarias (7). Si se presentaren diarreas y dolor abdominal, se recomienda el uso de magma de trisilicato de magnesio o de subcarbonato de bismuto.

REFERENCIAS

1. Subramanian, S., Sankara, Magarajan S. and W. Sulochana, (Dep. Chem. Jawahareal Inst., Postgrad. Med. Educ. Res., Pondicherry, India). *J. Phytochemistry,* 10 (7): 1960, 1971.
2. Oakes, A.J. and James O. Butcher. "Jatropha gossypifolia L.", *Poisonous and Injurious Plants of the U.S. Virgin Islands.* Washington, DC: Agricultural Research Service, U.S.D.A., 1962, p. 57.
3. Chatterjee, A., Das Biswanath C. Parcard and T. Prange (Dept. Pure Chem., Univ. Coll. Sci., Calcutta, 700009 India), "Crystal Structure of a lignan from Jatropha gossypifolia", *J. Phytochemistry,* 20 (8): 2047-2048, 1981.
4. Morris, Kupcham, Carl W. Sigel, M.J. Matz, Renauld Saenz, José A. and Ralph C. Haltiwanger, (Dept. of Chem., Univ. of Virginia, Charlottesville, Va.,) "Jatrophone, a novel macrocyclic diterpenoid, tumor inhibitor from Jatropha gossypifolia", *J. Am. Chem. Soc.,* 92 (14):4476-4477, 1970.
5. Adol A.W., H.J. Opferkuch and E. Hecker, "Irritant phorbol derivatives from four Jatropha species", *J. Phytochemistry,* 23 (1): 129-132, 1984.
6. Lampe, Kenneth F. and Rune Fagerström. "Jatropha sps, symptoms", *Plant Toxicity and Dermatitis, A Manual for Physicians.* Baltimore: The Williams and Wilkins Company Baltimore, 1968, p. 66.
7. *Idem.* "Jatropha sps. Prognosis and Treatment", p. 68.

YAUTIA BLANCA

ARACEAE

Xanthosoma sagittifolium (L.) Schott
Elephant's ear, tanier

Planta oriunda de las islas del Caribe y Sur América. Se encuentra en países tropicales y subtropicales del globo.

Su tronco puede alcanzar de 6 a 10 dm de alto. Sus hojas son planas, color verde, con pecíolo muy largo, y muy gruesas. Su forma es sagito-ovada, abruptamente puntiaguda; pedúnculo más largo que su espata, blanco verdosa y el espádice más corto.

Los tejidos de esta planta contienen numerosos cristales de oxalato de calcio, bien en forma de rosetas, rafidios y agujas aciculares, que producen una fuerte irritación en la mucosa de la boca y garganta. Puede producirse una inflamación y hasta hematomas (1), (2) con fuerte dolor en todo el área y dificultades para ingerir alimentos (3).

Hay en Puerto Rico otra especie que contiene compuestos químicos similares y produce obviamente los mismos efectos, dependiendo, desde luego, de la cantidad presente de aquellos. Se conoce con los nombres de "yautía prieta" y "yautía morada" (*X. violaceum* Schott). Sus hojas son de forma aflechado-aovadas, de 20 a 50 cm, más palidas en el envés, el tubo de la espata de 10 cm, morado por fuera. El rizoma se usa como alimento, una vez que se ha cocido, al igual que la arriba mencionada.

Si se llevan a la boca porciones de la hoja, tallo o los rizomas crudos, se produce un dolor intenso en las áreas de la boca. Se sugiere el uso de un analgésico adecuado. Se sugiere también el uso de la suspensión de hidróxido de aluminio y magnesio para enjuagarse la boca, tomándose luego una onza cada dos horas. Si el paciente no ha podido comer material sólido, debe instituirse una dieta de líquidos y purés al segundo o tercer día o hasta que los síntomas hayan aminorado (3).

REFERENCIAS

1. Lewis, Walter H. and Elvin-Lewis , Memory P.F., "Xanthosoma sps", *Medical Botany Plants affecting Man's Health.* New York: John Wiley and Sons, 1977. p. 58.
2. Kingsbury, John M., "Acaceae poisoning", *Poisonous Plants of the United States and Canada.* New Jersey: Prentice-Hall, 1964, pp. 473-475.
3. Lampe, Kenneth F. and Rune Fagerström. "Plants Producing Irritation Primarily of the Mouth and Throat", *Plant Toxicity and Dermatitis, A Manual for Physicians,* Baltimore: The Williams & Wilkins Co., 1968, pp. 11-18.

YUCA

EUPHORBIACEAE

Manihot esculenta Crantz
Cassava

Arbusto herbáceo oriundo de la América Tropical, ampliamente distribuido en los trópicos y subtrópicos del Mundo. Se cultivan en la mayoría de los países del trópico.

Pueden crecer hasta 3 m aproximadamente, con raíces tuberosas elongadas. Sus hojas generalmente partidas profundamente en 3 a 7 divisiones espatuladas o linear lanceoladas, aguzadas. Los lóbulos son de 6 a 12 cm de largo, glabros, glaucos en su superficie inferior, y sus venas diminutamente puberulentas. Sus flores son menos de 1 cm de largo y se presentan en panículas. Su fruto es una cápsula globosa, de 1 cm de ancha.

La yuca corriente, (*M. dulcis* Pax), conocida también como yuca dulce es similar a la anterior, pero su raíz es de menor tamaño. Sus hojas están partidas en mayores divisiones, de 3 a 13, y sus lóbulos son lanceolados à obovados.

Las hojas y las raíces de la yuca arriba mencionada contienen, entre otros compuestos químicos, glucósidos cianogenéticos y compuestos fenólicos (1), (2), (3). El jugo celular extraído de los tubérculos contiene saponinas, un glucósido cianogenético y compuestos volátiles (3).

Todos los órganos de la planta contienen el glucósido cianogenético en proporciones variables. Las raíces contienen la mayor cantidad, muy tóxico cuando es fresco (3). La yuca dulce contiene glucósidos cianogenéticos concentrados en su corteza (4).

Los síntomas de la intoxicación son vómitos, náuseas, distensión abdominal, dificultad de la respiración, condiciones que pueden conducir al colapso (3).

El tratamiento no varía mucho del establecido para cianuros (5). En casos graves se sugiere la inhalación de nitrito de amilo, seguido de emesis o de lavado gástrico y la inyección intravenosa de solución de nitrito de sodio al 3 por ciento, 2.5 a 5 ml por minuto. Entonces, la solución de tiosulfato de sodio, aproximadamente 50 ml de solución al 25 por ciento por vía intravenosa. Repítanse las inyecciones si persisten síntomas de envenenamiento. Se sugieren respiración artificial y otras medidas de soporte, ej. oxígeno, calor, medicación cardiovascular y otras. El estómago puede lavarse con solución de tiosulfato de sodio al 5 porciento, y dejando 200 ml en el estómago al final.

REFERENCIAS

1. *Chem. Abs.* (82): 8304sK, 1975. "Phenolic constituents from leaves of Manihot esculenta", Thakur, M.L., Somarro, B.H. and W.F. Grant, (Dept. Biol., Mc Gill Univ. Montreal), *Can. J. Bot.* 52 (11):2381-2386, 1974.

2. *Chem. Abs.* (75): 45616v, 1971. "Composition of leaf exudate and leaf leachate, of tapioca (Manihot utilissima and Cassava foliage)", Sadasivam, K.V. (Div. Microbiol.) *Sci. Cult.* 36 (11): 608-609, 1970.

3. Watt, J.M. and M.G. Breyer-Brandwijk. "Manihot utilissima", *The Medicinal and Poisonous Plants of Southern and Eastern Africa.* Edinburgh: E & S Levingstone, 1962, p. 423.

4. Everist, Selwyn L., "Manihot esculenta Crantz", *Poisonous Plants of Australia,* Sydney: Angus and Robertson, pp. 201-202.

5. Lampe, Kenneth F. and Rune Fagerström. "Cyanogenetic Plants, Symptoms, Treatment", *Plant Toxicity and Dermatitis,* Baltimore: The Williams & Wilkins Co., 1968, pp. 143-144.

ZARCILLA

MIMOSACEAE

Leucaena leucocephala (Lam.) De Wit
Hediondilla, Acacia pálida
Wild tamarind

Arbol o arbusto nativo cuyas partes nuevas y verdes están cubiertas de un polvo escamoso blanco. Se encuentra, además, en las Antillas, Bahamas, México, Brasil y otras regiones tropicales de Asia y Africa.

Puede crecer hasta 3 m de alto. Sus hojas son bipinadas, grandes, raquis superiormente acanalado, con una glándula discoidea umbilicada entre el primer par de peciolillos; hojuelas oblongas o lanceolado-oblongas, ligeramente sedosas o glabras, agudas y oblicuas en la base. Sus flores son blancas, en cabezuelas simples o gemelas. Su fruto es una legumbre estipitada, recta, bivalva, linear corto apiculada, glabra comprimida, con 15 a 20 semillas amarillo pardas lustrosas.

Las hojas contienen un glucósido cianogenético que produce ácido cianhíndrico en su hidrólisis. También contienen cuercitrina y un derivado de piperidina, la mimosina (1), (4) entre otros compuestos.

La administración continua de las hojas a animales produce una pérdida de peso, sialorrea, efectos depilarios, hipotermia, taquicardia, dificultades respiratorias y renales y, finalmente, un estado comatoso (2), (3).

Se sugiere que se instituya el lavado del estómago o la emesis si no se han presentado los síntomas mencionados de la mimosina. Deben considerarse el uso de tratamiento sintomático y medidas adecuadas:

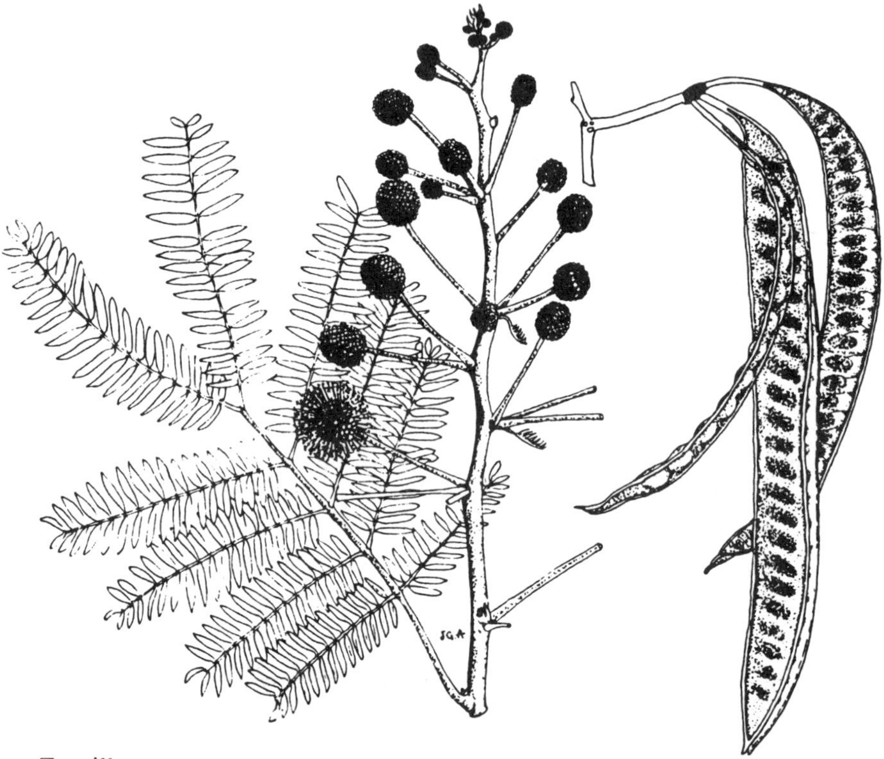

Zarcilla
Leucaena leucocephala

cardiovasculares, oxígeno, calor, renales y otras. Considere el tratamiento si aparecieren síntomas de envenenamiento con cianuros (5).

REFERENCIAS

1. Watt, John M. and M.G. Breyer-Brandwijk. "Leucaena leucocephala", *Medicinal and Poisonous Plants of Southern and Eastern Africa,* 2nd. edition. Edinburgh: E. & S. Livingstone, pp. 620-621.

2. Little, Elbert E. Jr., Wadsworth, F.H. y J. Marrero. *Arboles Comunes de Puerto Rico e Islas Vírgenes.* San Juan de Puerto Rico: Editorial de la Universidad de Puerto Rico, 1967, p. 205.

3. Compire, R., "Toxicologic Study of L. glauca in cattle", *Bull, Agric.,* Congo Belge (50): 1311-1320.

4. Everist, Selwyn L., "Leucaena leucocephala" (L. glauca (L.) Benth), *Poisonous Plants of Australia.* Sydney: Angus and Robertson, 1974. p. 324.

5. Lampe, Kenneth F. and Rune Fagerström. "Cyanogenetic Plants, Symptoms, Treatment", *Plant Toxicity and Dermatitis, A Manual for Physicians.* Baltimore: The Williams & Wilkins Co., 1968, pp. 143-144.

Lirio de cala *Zantedeschia aethiopica*

Alhelí blanco *Plumeria alba*

Cacao *Theobroma cacao*

Campana del río *Datura suaveolens*

Canario morado falso *Cryptostegia grandiflora*

Canario morado *Allamanda cathartica*

Copa de oro *Solandra grandiflora*

Dama de día *Cestrum diurnum*

Alelaila *Melia azedarach*

Maguey ornamental *Agave americana*

Panamá *Alocasia macrorrhiza*

Peronias *Abrus precatorius*

Piña cortadora *Pitcairnia angustifolia*

Platanillo *Asclepias curassavica*

II
PLANTAS POTENCIALMENTE VENENOSAS DE PUERTO RICO

Existe un grupo de plantas no muy usadas con fines medicinales. Sus usos, además, no revisten mucha relevancia si se considera la farmacología de los compuestos químicos que los caracterizan. El mayor número de estos poseen la cualidad de producir serios trastornos al organismo. Por lo tanto deben usarse internamente con suma precaución, o no usarse.

En este grupo de plantas se encuentran algunas que, por la naturaleza química de sus constituyentes, no se usan para la preparación de medicación interna. Se han usado únicamente para el exterior, para fricciones, extirpación de verrugas, enfermedades de la piel y otros usos similares.

Todas estas plantas, pues, manifiestan potencialidad para producir efectos tóxicos en el organismo. Aún más, algunas producen dermatitis. Se ha creído, pues, conveniente incluirlas en esta categoría.

Deseamos informar a nuestros lectores que en muy pocos casos hemos podido obtener literatura científica sobre síntomas y tratamiento de casos de envenenamientos que hayan producido.

AGUINALDO MORADO

CONVOLVULACEAE

Ipomoea fistulosa jacq. ssp. (Mart. ex Choisy)
Vete de aquí

Arbusto cultivado como ornamental en los terrenos frescos del trópico, en la América Central y en Sur América.

Crece generalmente de 1 a 2 m de alto. Sus hojas son aovadas a aovado lanceoladas, de 6 a 9 cm de largo, acorazonadas en la base, largamente acuminadas. Sus flores son solitarias, con la corola rosada a purpúrea, de 5 a 8 cm funeliforme con el limbo extendido. Su fruto es una cápsula ovoidea pequeña con semillas cubiertas de pelitos negros.

Aunque se ha usado con fines medicinales (1), se la considera venenosa para animales (2).

REFERENCIAS

1. Roig y Mesa, Juan Tomás. "Yerba de Guanajay", *Plantas Medicinales, Aromáticas o Venenosas de Cuba.* La Habana: Servicio de Publicidad y Divulgación, Ministerio de Agricultura, República de Cuba, 1945. t. 2, p. 702.
2. *Idem,* p. 705.

AÑIL CENIZO

PAPILIONACEAE

Tephrosia cinerea (L.) Pers.
Añil

Planta herbácea rastrera, pubescente, propia de los pastos arenosos de la costa. Se encuentra en las Antillas Mayores y Menores y en la América tropical continental.

Su rizoma es grueso, a veces largo, tallos delgados, generalmente ramificados, ascendentes cerca de 1 m de largo. Sus hojas imparpinadas, de 4 a 7 par de hojuelas opuestas, lanceoladas al revés, de 1 a 2 cm de largo. Sus flores morado pálidas en racimos flojos, opuestos a las hojas, más largas que estas, generalmente con 2 a 3 flores unidas. Su fruto es una vaina de 3 a 6 cm de largo y de 3.5 a 4 mm de ancho, aplanada, que contiene hasta 10 semillas.

Se la considera una planta tóxica que se ha usado en la pesca de peces y con fines criminales (1). Se ha empleado además en las enfermedades cutáneas y en la sarna.

Se han separado el compuesto químico rotenona, que se ha usado como insecticida, y el principio tóxico tefrosina, usado en Venezuela y en Africa para envenenar los peces (2). Se ha informado que la rotenona puede producir dermatitis (3). Se ha informado que la tefrosina apenas es tóxica para el hombre (4).

REFERENCIAS

1. Roig y Mesa, Juan Tomás. "Barbesco, Tephrosia cinerea", *Plantas Medicinales, Aromáticas o Venenosas de Cuba.* La Habana: Servicio de Publicidad y

Divulgación, Ministerio de Agricultura; Rep. de Cuba, 1945, p. 142.

2. Lewis, Walter H. y Memory P.F. Elvin-Lewis. "Poisoning, Tephrosia cinerea", *Medical Botany, Plants Affecting Man's Health.* New York: John Wiley & Sons, 1977, p. 45.

3. Mitchell, John and Arthur Rook. "Tephrosia", *Botanical Dermatology, Plants and Plant Products Injurious to the Skin.* Vancouver: Greengrass, 1979, p. 429.

4. Windholz, Martha and other Associate and Assistant Editors. "Tephrosia", *The Merck Index, An Encyclopedia of Chemical and Drugs.* Rahway, NJ: Merck & Co., 1976, p. 8878.

BABEIRO AMARILLO

APOCYNACEAE

Urechites lutea (L.) Britton
Nightsage, wild allamanda, yellow nightsage

Es un bejuco leñoso de hojas pecioladas opuestas y entrenudos cortos, presente cerca de las costas en Puerto Rico, encontrándose además en la Florida, Bahamas, las Antillas Mayores y algunas de las Menores e Islas Vírgenes.

Sus hojas son de pecíolo corto, óvalo-oblongas, coriáceas, redondeadas en la base y lampiñas. Sus flores son grandes, amarillas, más grandes que las hojas, de tubo corto y limbo ancho. El fruto es un folículo corto cilíndrico de 12 a 15 cm de largo. Su corteza segrega un jugo lechoso que produce dermatitis (1).

Las hojas y las semillas contienen principalmente los glucósidos cardiacos urequitoxina y urequitina. Los síntomas del envenenamiento son similares a los de la cabalonga (*Thevetia peruviana*). Se produce una sensación de quemazón en la boca y la garganta, somnolencia, diarreas, vómitos, pulsaciones lentas e irregulares, convulsiones, fallo cardiaco y muerte (1), (2), (3).

REFERENCIAS

1. Roig y Mesa, Juan Tomás. "Curamaguey, Urechites lutea", *Plantas Medicinales, Aromáticas o Venenosas de Cuba*. La Habana: Servicio de Publicidad y Divulgación, Ministerio de Agricultura, República de Cuba, 1945, p. 259.
2. Perkins, Kent D. and Willard W. Payne. "Urechites lutea", *Guide to the*

Poisonous and Irritant Plants of Florida. Gainsville, Fla.: University of Florida, 1978, p. 52.

3. Vélez, Ismael. "Babeiro amarillo, Urechites lutea", *Plantas Indeseables en los Cultivos Tropicales.* Río Piedras, P.R.: Editorial Universitaria, 1950, p 298.

Barbasco
Jacquinia arborea

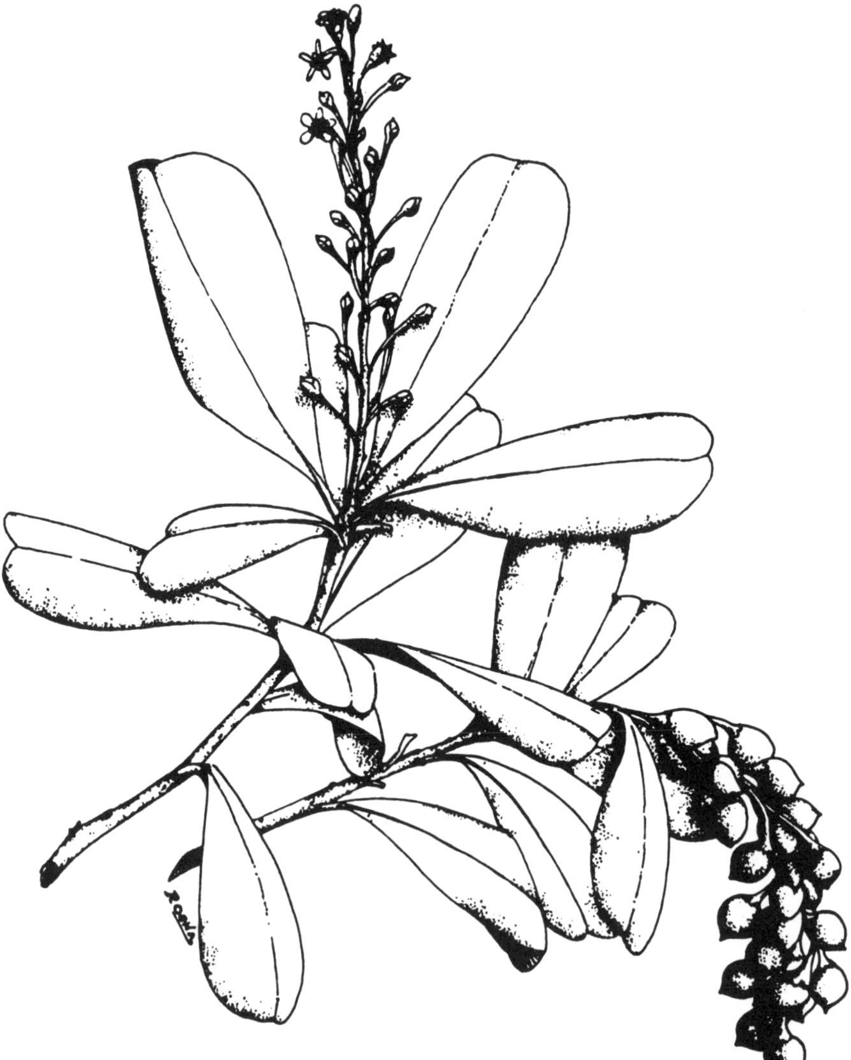

BARBASCO

THEOPHRASTACEAE

Jacquinia arborea Vahl
Azúcares
Cudjve-wood

Arbusto de 3 a 4 m de altura presente en Puerto Rico y en las Antillas Occidentales.

Sus hojas son alternas de 5 a 8 cm de largo, cuspidadas, obóvalas o espatuladas, de punta recortada, pecíolo corto, de cara superior lustrosa y la inferior áspera. Sus flores son blancas y se presentan en racimos terminales y flojos, mayores que las hojas, con pedicelos largos. El fruto consiste en una baya globosa de 8 mm de largo, encarnada, en la cual a veces se desarrolla una sola semilla.

La corteza se ha utilizado contra los dolores de muelas; recién cogida y machacada, se la introduce en la muela. También se ha usado disuelta en una preparación alcohólica.

Se ha usado esta planta para intoxicar los peces y facilitar su pesca.

REFERENCIAS

1. Roig y Mesa, Juan Tomás. "Jacquinia barbasco", *Plantas Medicinales, Aromáticas o Venenosas de Cuba.* La Habana: Servicio de Publicidad y Divulgación, Ministerio de Agricultura, Rep. de Cuba, 1945, p. 295.
2. Perkins, Kent D. and Willard W. Payne. "Jacquinia sps", *Guide to the Poisonous and Irritant Plants of Florida.* Gainsville, Fla.: University of Florida, 1978, p. 30.
3. Lewis, Walter H. and Memory P.F. Elvin-Lewis. "Theophrastaceae", *Medical Botany Plants Affecting Man's Health.* New York: John Wiley & Sons, 1976, p. 35.

BEJUCO DE GUAJANILLA

SAPINDACEAE

Paullinia pinnata L.
Bejuco de paloma

Bejuco de tallo leñoso angular estriado, bastante duro, anual o bianual, pubescente, de zarcillos simples que se enredan sobre otros vegetales y puede llegar a 10 m de longitud. Es propio de bosques y malezas en regiones húmedas o secas. Existe en las islas de las Antillas, en la América tropical continental y en el Africa tropical.

Las hojas son alternas de 8 a 15 cm de largo, de pecíolo corto y de color verde brillante. Las flores son pequeñas, blancas, cerca de 5 mm de ancho, portando dos zarcillos. La fruta es una cápsula piriforme, de tres celdas carnosas cuando maduran.

El bejuco se ha estado usando para hacer canastas, banastas y otros enseres similares.

La corteza es muy venenosa, narcótica, que actúa sobre el encéfalo y los riñones (1). Los indios brasileños la usan para envenenar sus flechas y las corrientes de aguas con el fin de coger los peces. Se informa que en las Antillas los negros han hecho uso de las semillas para envenenamientos criminales.

Se han separado dos derivados del ácido tánico con propiedades cardiotónicas (2); otros compuestos químicos separados incluyen el quebrachitol, manitol, dulcitol, sorbitol y otros (3).

La raíz y su corteza se han usado como rubefacientes (4); su uso continuo produce dermatitis.

REFERENCIAS

1. Roig y Mesa, Juan Tomás. "Azucarito, Paullinia pinnata", *Plantas Medicinales, Aromáticas o Venenosas de Cuba.* La Habana: Servicio de Publicidad y Divulgación, Ministerio de Agricultura, República de Cuba, 1945, p. 137-138.

2. *Chem. Abst.*, (57): 15753d, 1962. "Cardiotonic action of two tannins of Paullinia pinnata".

3. *Biol. Abs.* (24):21656, 1950. Plounier, Victor. "Sur la recherche des itols et du sacharaoses chez quelques Sapindales".

4. Mitchell, John and Arthur Rook. "Paullinia pinnata", *Botanical Dermatology Plants and Plant Products Injurious to the Skin.* Vancouver: Greengrass, 1979, p. 635.

BORBORON

GOODENIACEAE

Scaevola plumieri (L.) Vahl
Coralillo
Inkberry, black soap

Planta subleñosa, anual, casi arbustosa, que crece mayormente en terreno arenoso húmedo. Se encuentra en las Antillas, Islas Vírgenes, Florida, Bermudas, México y en otros países tropicales.

Sus hojas son alternas, lanceolado-oblongas o lanceolado elípticas, de 4 a 6 cm de largo, corto pecioladas, y agudas en ambos extremos. Sus flores son irregulares, se presentan en cimas dicótomas, rara vez solitarias. Su corola con cinco lóbulos, blanca, el tubo más corto que los lóbulos. Su fruto es una baya oval, negra, jugosa, de 1 a 1.5 cm de largo con un exocarpio carnoso y un endocarpio óseo o leñoso. En su interior, dos semillas, una en cada cavidad.

Sus frutos se han empleado como sudorífico en dosis pequeñas, pero deseamos informar que esta planta se ha incluido entre aquellas de las que hay que desconfiar (1). Se han separado un principio amargo y un glucósido de la corteza y las hojas. Se informa que, al interior, la fruta induce la menstruación (2).

REFERENCIAS

1. de Grosourdy, D. Renato. "Scaevola plumieri", *El Médico Botánico Criollo.* París: Librería de Francisco Brachet, 1864. t. 3, p. 237.
2. Quisumbing, Eduardo. "Scaevola frutescens", *Medicinal Plants of the Phillipines.* Manila: Technical Bulletin 16, Dept. of Agric. and Natural Resources, Bureau of Printing, 1951, p. 954.

COLOQUINTILLA

CUCURBITACEAE

Cayaponia racemosa (Mill.) Gogn.
American bryony

Planta trepadora algo leñosa, de tallo anguloso, estriado, que se encuentra en malezas y en lugares expuestos a colinas calcáreas. Se encuentra también en la Florida, Bahamas, La Española, Tobago, Trinidad y en la América tropical continental.

Puede extenderse hasta 7 m de alto con sus hojas alternas, pecioladas, las inferiores redondeadas, acorazonadas en la base, 3 a 5 lobadas y su margen dentado, las hojas superiores más pequeñas, agudas o acuminadas en el ápice; los zarcillos laterales, simples o bífidos. Las flores se presentan en largos racimos colgantes, con flores pequeñas, verdosas. El fruto consiste en una baya morada, ovoidea oblonga.

La raíz bastante desarrollada de esta planta, machacada y aplicada al cutis, produce una rubefacción intensa rápidamente. Posee propiedades purgativas poderosas y se informa que debe usarse con bastante prudencia (1). Se incluye esta planta entre los vegetales de los cuales hay que desconfiar. Se informa, además, que la raíz es venenosa al ganado (2).

REFERENCIAS

1. Roig y Mesa, Juan Tomás. "Brionia", *Plantas Medicinales, Aromáticas o Venenosas de Cuba.* La Habana: Servicio de Publicidad y Divulgación, Ministerio de Agricultura, República de Cuba, 1945, p. 178.

2. Lewis, Walter H. y Memory P.F. Elvin-Lewis. "Cayaponia racemosa", *Medical Botany Plants Affecting Man's Health.* New York: John Wiley & Sons, 1977, p. 36.

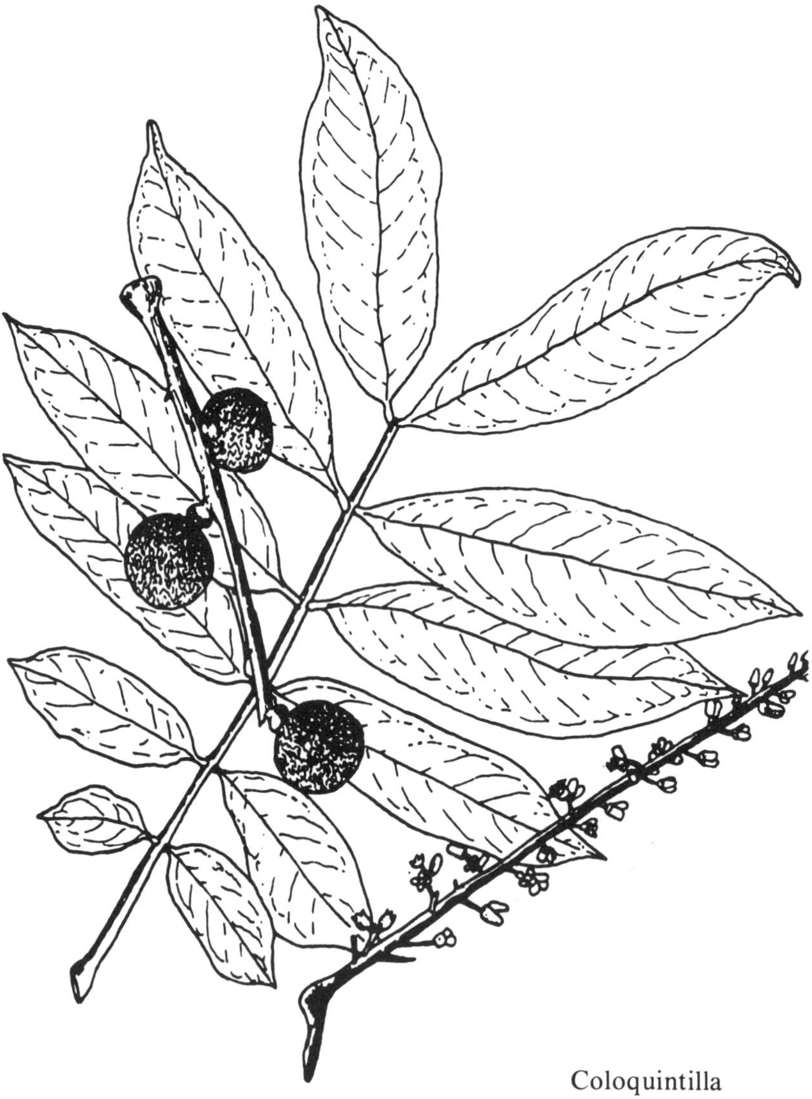

Coloquintilla
Cayaponia racemosa

GUARAGUAO

MELIACEAE

Guarea guidonia (L.) Sleumer
Musk wood

Arbol común en bosques, orillas de ríos, en terrenos húmedos de mediana o baja elevación. Además de encontrarse en Puerto Rico, está en las demás Antillas Mayores y en la América continental tropical.

Crece cerca de 15 a 25 m de alto. Se caracteriza por una copa espesa de hojas grandes, alternas, paripinadas, con 8 a 20 o más hojuelas, en par, elípticas a oblongas de color verde oscuro, lustrosas, con las venas hundidas. Además se distingue por sus muchas flores de color blanco verdoso y sus frutos en cápsulas de color castaño rojizo, casi redondas. Posee cuatro o menos semillas rojizas.

Las hojas de este árbol se han usado en forma de infusión como astringente para curar heridas y como hemostático en casos de hemorragias (1). Sin embargo, se informa que "posee propiedades poderosamente abortivas, venenosas, en grado análogo al manzanillo" (2).

REFERENCIAS

1. Roig y Mesa, Juan Tomás. "Yamagua", *Plantas Medicinales, Aromáticas o Venenosas de Cuba.* La Habana: Servicio de Publicidad y Divulgación, Ministerio de Agricultura, Rep. de Cuba, 1945. t. 2, p. 693.

2. *Idem,* p. 693.

HABAS LIMA

PAPILIONACEAE

Phaseolus lunatus L.
Haba
Lima bean

Se cultiva en lo países tropicales y constituye realmente una industria de nutrición intensa en muchos pueblos.

Planta herbácea trepadora anual; de hojas finas; sus folíolos de 5 a 10 cm, agudos o acuminados. Sus flores son numerosas, pequeñas, de 2 cm o menos, blancas o amarillentas. Su fruto consiste en una legumbre aplanada de 5 a 9 cm de largo y cerca de 2 cm de ancho. Sus semillas son aplanadas y finas, aproximadamente 1 cm de largo de forma romboidal.

Hay una variedad silvestre de estas habas, con semillas pequeñas jaspeadas color púrpura, que contiene glucósidos cianogenéticos y, por lo tanto, son venenosas (1), (2), (3).

Debe usarse como alimento la variedad producida comercialmente.

REFERENCIAS

1. Osol, Arthur y George E. Farrar, and Collaborators. "Phaseolus", *The Dispensatory of the United States of America.* Philadelphia: J.B. Lippincott Company, 1947, p. 1549.

2. Perkins, Kent D. and Willard W. Payne. "Phaseolus lunatus L.", *Guide to the Poisonous and Irritant Plant of Florida.* Gainsville, Fla.: University of Florida, 1978, p. 39.

3. Hardin, James W. and Jay M. Arena. "Phaseolus lunatus L. Lima Bean, Java bean", *Human Poisoning from Native and Cultivated Plants,* Second edition. Durham, NC: Duke University Press, 1974, p. 85.

HIERBA DE CLAVO

UMBELLIFERAE

Centella asiatica (L.) Urban in Mart.
Penny-wort

Es una hierba común en lugares húmedos, cenagosos, en las orillas de las zanjas y riachuelos. Se encuentra además en La Española, Jamaica, Bahamas, Bermudas, Martinica, Trinidad, en la América tropical continental y trópicos y subtrópicos del Viejo Mundo.

Es una hierba perenne, con tallos de 2 a 5 cm o más de largo, postrados o enraizándose en los nudos, de los que surgen grupos de hojas pecioladas. Los pecíolos son de 0.3 a 3 dm de largo, y sus hojas aovadas a ovado-orbiculares, redondeadas en el ápice, ampliamente acorazonadas o casi truncadas en la base, de 2 a 7 cm de largo. Las flores salen junto con las hojas de los nudos, en número de 1 a 3, umbelas pequeñas de diminutas flores blancas de pétalos ovados. Su fruto es diminuto, ovoide blanco o verde.

"Esta planta se considera un violento veneno narcótico, acre, sucedáneo de la cicuta..." (1) Se informa que "ha sido introducida en la materia médica para combatir ciertas enfermedades cutáneas y en especial la lepra o lazarino" (2).

REFERENCIAS

1. Roig y Mesa, Juan Tomás. "Oreja de Ratón, Centella asiatica", *Plantas Medicinales, Aromáticas o Venenosas de Cuba.* La Habana: Servicio de Publicidad y Divulgación, Ministerio de Agricultura, República de Cuba, 1945. t. 2, p. 507.

2. de Grosourdy, D. Renato. "Yerba de cuarto", *El Médico Botánico Criollo.* París: Librería de Francisco Brachet, 1864. t. 4, p. 77.

3. Chopra, R.N., R.L. Badhwar and S. Ghosh. "Centella asiatica", *Poisonous Plants of India,* Revised & Enlarged. New Delhi: Indian Council of Agricultural Research, New Delhi, India, 1965. v. I, p. 433.

HIGÜERILLO

BIGNONIACEAE

Amphitecna latifolia (Mill.) Gentry
Higüerito
Black calabash

Arbol pequeño de 5 a 10 m de altura, parecido al higüero en sus flores y frutos, propio de los lugares bajos. Está presente en Islas Vírgenes, Jamaica, Santo Domingo, Florida, América Central, Trinidad y Venezuela.

Se caracteriza por sus hojas alternas, simples, de elípticas a ovovadas, de 7 a 20 cm de largo y de 5 a 7 cm de ancho, el ápice abruptamente agudo, la base estrecha. Sus flores son solitarias o pocas, con una corola de 4 a 5 cm de largo, púrpuras o amarillentas, el margen pardo con el tubo hinchado. Su fruto es subgloboso, de 6 a 8 cm de largo, coriáceo.

Este árbol, aunque se siembra como ornamental, se considera muy venenoso (1). Produce cólicos fuertes, vómitos repetidos, deposiciones involuntarias y escalofríos. En casos de envenenamiento se recomienda provocar los vómitos, lavado del estómago, lavativas y emplear tratamientos sintomáticos (1). Con el jugo de las hojas se efectúan fricciones a la piel en caso de salpullido y otras irritaciones (2).

REFERENCIAS

1. Roig y Mesa, Juan Tomás. "Maguira", *Plantas Medicinales, Aromáticas o Venenosas de Cuba.* La Habana: Servicio de Publicidad y Divulgación, Ministerio de Agricultura, Rep. de Cuba, 1947. t. 1, p. 430.

2. *Idem,* t. 1, p. 431.

JICAMA

PAPILIONACEAE

Calopogonium mucunoides Desv.

Planta trepadora, leñosa, que se enreda sobre otras plantas, a varios metros de extensión, en matorrales y campos yermos y cultivados, en zonas húmedas de poca o mediana elevación. Se encuentra también en La Española y Cuba.

Sus tallos, pecíolos e inflorescencia son densamente velludos, y sus hojas, compuestas de varias hojuelas. La inflorescencia es un racimo de origen axilar con flores azul violeta que surgen en grupos de cuatro y cinco a partir de una hinchazón en el pedúnculo. El fruto es una vaina lineal, comprimida, de 3 a 5 cm de largo y cerca de 4 mm de ancho.

Esta planta no se usa con fines medicinales. Se le atribuyen casos de intoxicaciones en el ganado (1).

REFERENCIAS

1. Roig y Mesa, Juan Tomás. "Bejuco Peludo", *Plantas Medicinales, Aromáticas o Venenosas de Cuba.* La Habana: Servicio de Publicidad y Divulgación, Ministerio de Agricultura, República de Cuba, 1945. t. 1, p. 160.

MATA RATON

PAPILIONACEAE

Gliciridia sepium (Jacq.) Steud.
Madre de cacao
Mother of cocoa

Arbol oriundo de la América continental tropical y ahora ampliamente distribuido por los países del trópico y subtrópico.

Es un árbol delgado, de cerca de 8 m de alto, corrientemente usado para cercas y como ornamental. Se caracteriza por las hojas imparipinadas de casi 1 cm de largo con 7 a 17 hojuelas ovadas, elípticas o lanceadas; por sus numerosas flores vistosas de color rosa blancuzco o matizados de púrpura, de 2 cm de largo, que se presentan en racimos laterales, y además por sus frutos, que se presentan en vainas planas, negruzcas, de 10 a 15 cm de largo.

Las raíces, semillas y las hojas se han usado para matar ratas y otros roedores. Se la considera venenosa a caballos, perros, pero no a bovinos y cabros (1).

REFERENCIAS

1. Roig y Mesa, Juan Tomás. "Piñón amoroso", *Plantas Medicinales, Aromáticas o Venenosas de Cuba.* La Habana: Servicio de Publicidad y Divulgación, Ministerio de Agricultura, Rep. de Cuba, 1945. t. 2, p. 553.

Mata ratón
Gliciridia sepium

NUEZ MOSCADA

MYRISTICACEAE

Myristica fragrans Houtt.
Nutmeg

Arbol oriundo de las islas Molucas. Crece además en las islas orientales adyacentes en las islas Banda, Java Sumatra, Penang, Shri-lanca y en los países tropicales. Crece lento a una altura de 8 a 15 cm de alto.

Sus hojas son coriáceas, color verde oscuro, margen entero, de forma oblongo-ovadas a ovado-lanceoladas y extremos agudos. La fruta es de color amarillo, casi globular, de consistencia tenaz, carnosa, acanalada longitudinalmente con una sola semilla ovoide. Esta semilla está estrechamente rodeada por un ariloide carnoso.

La nuez moscada contiene de 20 a 40% de aceite fijo que se ha usado al exterior contra las torceduras y, comercialmente, en la fabricación de jabones y perfumes.

La nuez contiene de 8 a 15 por ciento de aceite esencial, responsable en parte del envenenamiento, (1) del cual se han separado la miristicina y otros compuestos químicos (2), aunque todavía se argumenta de si es el ingrediente psicoactivo. Es muy posible que otros compuestos químicos concurran a sus efectos farmacológicos (3). Se ha sugerido que los compuestos químicos miristicina y elemicina se transformen al ingerirse en el organismo en derivados químicos psicomiméticos.

La literatura científica informa de sus interesantes efectos tóxicos.

Recomienda el lavado gástrico y la administración de demulcentes, seguida de medidas de soporte (4).

REFERENCIAS

1. Liberti, Lawrence, Editor. "Nutmeg", *The Lawrence Review of Natural Products,* Pharmaceutical Information Associates Ltd., Collegeville, Pa. II (4):15, 21 de febrero 1981.
2. Shulgin, A.T. según citado en "Nutmeg", Ibid.
3. Iruitt, E.B. et al, según citados en "Nutmeg", Ibid.
4. Hardin, J.W. y Arena, J.M. según citados en "Nutmeg", Ibid.

Nuez moscada
Myristica fragrans

Pegoge
Tabernaemontana citrifolia

PEGOGE

APOCYNACEAE

Tabernaemontana citrifolia L.
Palo lechoso

Arbusto silvestre raro, aproximadamente de 3 m de alto, propio de los montes y malezas en Puerto Rico, encontrándose además en todas las Antillas Occidentales.

Sus hojas son opuestas, corto pecioladas obóvadas, elíptico oblongas o lanceolado-oblongas, lustrosas, lampiñas, coriáceas, más pálidas por debajo.

Sus flores se presentan en cimas con su corola amarillo-verdosa por fuera y blanca por dentro. Su fruto consiste en un folículo óvalo u oblongo agudo.

El látex que segregan el tallo y las hojas se ha empleado como un fuerte cáustico contra las verrugas y los herpes.

Se han aislado numerosos alcaloides de esta planta (1), (2). Se han usado con fines medicinales, mayormente al exterior (3).

REFERENCIAS

1. Kutney, James P. and Iliana Pérez. "Studies on Natural Products from Cuban Plants Alkaloids from Tabernaemontana citrifolia", *Helv. Chime Acta,* 65 (7): 22, 42-50, 1982.
2. Iglesias R. and M. Rodríguez. "Alkaloids from the leaves of Tabernaemontana citrifolia", *Rev. Cienc. Fis.* 10 (2): 351-356, 1979.

3. Roig y Mesa, Juan Tomás. "Huevo de gallo", *Plantas Medicinales, Aromáticas o Venenosas de Cuba.* La Habana: Servicio de Publicidad y Divulgación, Ministerio de Agricultura, República de Cuba, 1945. t. 1, p. 378.

III
PLANTAS DE PUERTO RICO QUE PRODUCEN DERMATITIS

Muchas plantas pueden producir reacciones inflamatorias de la piel. En diversas condiciones crean un área amoratada y un revestimiento con una hipersensibilidad inmediata. Estas son manifestaciones fundamentales de la dermatitis. Se considera la reacción de toxicidad que con más frecuencia nos encontramos y la que más rápidamente produce sus efectos.

Al pasar por un camino con plantas presentes, o sencillamente cuando estamos sembrando una planta cuyas características desconocemos, o cuando trabajamos en el jardín, nos enfrentamos con reacciones de dermatitis: un picor en la piel, una irritación en los dedos o en la palma de la mano, pelitos urticantes que pueden ganar su acceso al interior de nuestra piel, o mediante alguna espina o cualquier otro medio mecánico. Entonces tenemos que hacer un alto en nuestras tareas.

En muchos casos la situación es fácil de resolver. En otras, con el continuo ardor o irritación, o la inflamación del área, se puede complicar y nos vemos obligados a recurrir al dermatólogo en busca de ayuda facultativa. Aún más, cuando se nos presenta una infección del área con microrganismos, la situación nos preocupa más todavía.

Hemos citado algunos casos de cómo puede producirse la dermatitis. Una de las formas más corrientes, es por el contacto con cualquier órgano de una planta, directamente o al partirse algunos de sus órganos, o por emanaciones de vapores de compuestos químicos volátiles. El contacto con la hoja partida, o la fricción con la mano o cualquier parte del cuerpo con las hojas o el tallo del "rábano cimarrón" son ejemplos muy claros; en forma similar, con las hojas, tallos, flores o los frutos del "manzanillo", o con la planta de "alhelí" o la de "pascua".

En otros casos estas situaciones son creadas por daños mecánicos. Pueden producirse, en primer término, por simples pelitos urticantes. Los pelitos de la fruta madura seca de la "pica pica", enredadera indeseable en los cultivos agrícolas, son bien conocidos. Otro ejemplo muy corriente es el de las molestias que padecemos con los pelitos urticantes de la planta conocida como "moriviví".

En otras circunstancias, en algunas plantas pueden estar presentes juntos grupos de pelitos vegetales, a los que llamamos cerdas en su conjunto, como en la "pica pica de hoja ancha" (*Laportea aestuans*) y producirnos dermatitis.

En el margen de las hojas de otras plantas se encuentran series de pelos vegetales muy desarrollados. Ya no son ni uni ni multicelulares, sino que en su histología se encuentran presentes, además, fibras y hasta tejido vascular que le imparten fortaleza. A estas estructuras, que se pueden presentar rectas o encorvadas, las conocemos con el nombre de espinas. En el margen de la planta conocida como "cortadora" (*Sclerea scandens*) las espinas son de tamaño pequeño, mayores son las de la "piña cortadora" (*Pitcairnia angustifolia*) y mayores aún son las espinas de la "maya" (*Bromelia pinguin*) y los de la ortiga (*Urera baccifera*).

Fitofotodermatitis

En un extenso número de plantas, particularmente de las familias Compuestas, Gramíneas, Rutáceas y Umbelíferas, se encuentran presentes compuestos químicos que se caracterizan porque poseen el núcleo químico de la cumarina (lactona del ácido cinámico). A este núcleo pueden estar unidos otros grupos químicos, ej: furan, pirano y otros. Estos compuestos químicos formados se conocen con el nombre de "psoralenos" (furocumarinas o piranocumarinas).

Cuando estamos en contacto con algunas de las plantas que contienen alguno de estos compuestos químicos, se produce dermatitis cuando la persona entonces se expone a los efectos de la luz solar. Es una reacción de fototoxicidad que hace la piel, el cutis, etc. hipersensitivos a la luz solar. Se produce una erupción que se torna hiperpigmentada aproximadamente 48 horas después del contacto con la planta y haberse expuesto a luz de un largo de honda mayor de 3,200A, generalmente luz ultravioleta. La erupción formada es similar a una quemadura de sol, rojiza y eritematosa, producida dentro de 24 horas, y ampollas a las 48 horas. Al sanarse, el área se ve blanca y atrofiada, rodeada de un anillo color pardo oscuro, que tarda mucho en desaparecer.

Estos compuestos químicos que poseen el núcleo de la cumarina son activados también por otros compuestos químicos en la planta, denominados "fotones", para producir estas reacciones fototóxicas.

Un caso muy sencillo es el que se efectúa en los bañistas, especialmente durante los días de verano. Al utilizar jugo de limón agrio (o de lima u otra cítrica) con el fin de confeccionar un refrigerio, es muy posible que caigan gotas del jugo en la piel, el cutis o en cualquier otra parte expuesta. Mediante la reacción con luz solar se producen entonces los efectos arriba mencionados.

Podrían mencionarse numerosos ejemplos con plantas de las familias mencionadas anteriormente que contienen estos compuestos químicos similares.

En algunos de estos casos de fitofotodermatitis intervienen además reacciones bioquímicas con hongos y bacterias.

Reacciones alérgicas

Muchas personas manifiestan reacciones de dermatitis cuando están en contacto con secreciones de plantas, o cuando reciben el rasguño de agentes punzantes de una planta, ej.: pelos vegetales, espinas u otros medios.

En algunas de estas situaciones, puede producirse una sensibilización del área afectada. La inflamación de la piel es un factor que predispone para la producción de alergia por contacto. La irritación y la sensibilización pueden afectarse simultáneamente.

Esta dermatitis alérgica se efectúa luego de un período latente, durante el cual se verifican cambios inmunológicos en la persona afectada. El período de tiempo para que aparezcan los cambios de estas reacciones alérgicas depende de la capacidad de las substancias.

La dermatitis producida por plantas es más común en los climas cálidos que en los templados. Esto es fácil de explicar. En los climas cálidos el área de la piel expuesta a los efectos de las plantas es mayor que en los países templados debido al uso de menos ropa. Además, en los climas cálidos se efectúan más labores con las plantas, más poda y más recortes.

En los países tropicales hay más variedades de compuestos químicos en las plantas que en los países fríos; como consecuencia, hay más oportunidad de producirse mayores efectos.

En conexión con la dermatitis alérgica, deseamos recordar que varios de los órganos que mayor cantidad de alimentos de reserva almacenan las plantas son las raíces, tubérculos, frutas y semillas. Basta mencionar algunos ejemplos de varias de estas clases de alimentos de gran consumo que producen en numerosas personas dermatitis alérgicas. Buenos ejemplos son los cereales: trigo, avena, cebada y otros.

Hemos hecho un esfuerzo por presentar a nuestros lectores los fundamentos más importantes sobre este extenso e interesante tema de la dermatitis. A nuestros más exigentes lectores, los dirigimos a deleitarse con la bibliografía sobre esta materia. El espacio disponible en esta obra nos impide ser más extensos.

Deseamos recordar a nuestros lectores que, en las secciones que ya se han presentado en este libro, Plantas Venenosas y Potencialmente Venenosas, se incluye un buen número de plantas que también producen dermatitis.

Esperamos que la información presentada en la presente obra sea de utilidad a nuestros lectores. Nos hemos esforzado en conseguir la más científica y extensa.

Nuestro primordial fin ha sido dejar complacidos a nuestros más exigentes lectores.

AJENJO CIMARRON

COMPOSITAE

Parthenium hysterophorus L.
Artemisa cimarrona, yerba amarga
Feverfew, mugwort.

Planta herbácea anual, híspida o pubescente, de tallo estriado, propia de los lugares áridos y pedregosos. Se encuentra en las Antillas y gran parte del continente americano.

Crece cerca de 1 m de alto, con hojas alternas, pubescentes, más o menos divididas, pinatipartidas. Su inflorescencia se presenta en forma de cabezuelas blancas o panojas axilares y terminales. Su fruto es un aquenio comprimido, vilano corto dentado.

Se ha extraído de la planta un compuesto químico conocido como una lactona, la partenina. En 50 pacientes en la India 27 resultaron positivos para la dermatitis al efectuarles varios investigadores la prueba del parche con una fracción del extracto (1). El mismo compuesto químico fue encontrado en el 1977 en los pelos vegetales de la planta por Rodríguez y sus colaboradores (2).

REFERENCIAS

1. Mitchell, John and Arthur Rook. "Parthenium hysterophorus", *Botanical Dermatology, Plants and Plant Products Injurious to the Skin.* Vancouver: Greengrass, 1979, p. 214.

2. *Idem,* p. 741.

ALHELI BLANCO

APOCYNACEAE

Plumeria alba L
Alhelí, alhelí cimarrón, tabaiba, tabeiba
Nosegay tree, white paucipan, milktree

Arbusto lechoso silvestre en Puerto Rico, Islas Vírgenes y en las Antillas Menores. Crece en las espesuras de la costa y en los bosques calizos de elevaciones bajas, aunque se encuentra también en las montañas altas del oeste de Puerto Rico. Se cultiva en los jardines como ornamental y por sus flores perfumadas.

Crece de 3 a 4 m de altura, bastante ramificado; hojas cuspidadas, coriáceas con peciolo hasta de 5 cm, oblongo lineales, romas o subagudas, limbo de la hoja de 15 cm; margen revoluto, la cara inferior glabra, blancuzca, con el nervio medio y las venas prominentes arqueadas cerca del margen y la cara superior lampiña. Las flores son blancas, en la garganta amarillas; se presentan en cimas densas, con pedúnculo de 12 cm, pedicelo corto de 5 mm, cáliz campanulado, de 3 a 4 mm con 5 lóbulos anchos redondeados; la corola tubular, de 4 cm de diámetro, con 5 lóbulos obovados extendidos. El fruto consiste en 2 vainas (folículos) de color castaño, de punta larga, con numerosas semillas planas.

El alhelí rojo (*P. rubra*) es de mayor tamaño. Sus flores son rojas y olorosas, sus hojas son más anchas, y la corola de la flor un poco mayor.

El alhelí amarillo (*P. obtusa*) conocido también como alhelí de la Mona y alhelí cimarrón, no es muy común. Sus flores son blancas y de hojas emarginadas.

El alhelí conocido con el nombre de campechana (*P. rubra var acutifolia*) posee las flores blancas, generalmente con el centro amarillento, algunas veces rosado. No es muy corriente.

El látex que segregan estas plantas se ha usado al exterior en las afecciones cutáneas, empeines, sarna, úlceras y en otras infecciones de la piel, debido a su actividad antimicrobiana (1). Sin embargo, el contacto con la piel puede producir una acción irritante y rubefaciente (2). Podría usarse en su comienzo diluido en partes iguales primeramente. El jugo lechoso y viscoso se ha empleado para extirpar las verrugas. Al interior es purgativo en cantidad de 3 gotas, en mayores es tóxico (3), produciendo diarreas profusas e irritación gastrointestinal (4).

REFERENCIAS

1. Harrison, Jack, Amalia Silva Santisteban and Betty Reyes Rojas, "Pharmacognosy and Pharmacology of Plumeria alba", *Bol. Soc.,* Perú, 1973 39 (2): 89-92, 1973.

2. Mitchell, John and Arthur Rook. "Plumeria sps", *Botanical Dermatology Plants and Plant Products Injurious to The Skin.* Vancouver: Greengrass, 1979, pp. 105-106.

3. Chopra, R.N., R.L. Badwar and S. Ghosh. "Plumeria", *Poisonous Plants of India.* New Delhi, India: Indian Council of Agricultural Research, pp. 556-557.

4. Perkins, Kent D. and Willard W. Payne. "Plumeria sps", *Guide to the Poisonous and Irritant Plants of Florida.* Gainesville, FL.: Florida Coop. Extensión Service, Univ. of Florida, p. 41.

ANTENA

EUPHORBIACEAE

Euphorbia neriifolia L.
Hedge euphorbia

Este arbusto o árbol pequeño, lactífero, de hojas y tallos carnosos, se ha usado como ornamental para setos vivos.

Nativo de las Indias Orientales, se encuentra también en Puerto Rico, Islas Vírgenes y en otros países del trópico.

Se reconoce por sus fuertes ramas corpulentas de 2 a 3 cm de diámetro, con cinco lados angulares lisos. Sus hojas son gruesas, firmes, estrechamente obovadas u oblongas, de 5 a 8 cm de largo, con pares de espinas (estípulas) color gris, de 2 a 4 mm en la base de las hojas. Se desarrollan pocas flores en ramilletes en la base de las hojas superiores.

El látex o jugo celular es de sabor amargo, venenoso y cáustico (1). Se encuentran presentes varios compuestos orgánicos responsables de estos efectos (2).

REFERENCIAS

1. Little, Jr., Elbert L., Roy O. Woodbury and Frank H. Wadsworth. "Euphorbia neriifolia L.", *Trees of Puerto Rico and The Virgin Islands,* Agriculture Handbook No. 449, U.S. Dept. of Agriculture, Washington, D.C. 20250, p. 412.

2. Quisumbing, Eduardo. "Euphorbia neriifolia", *Medicinal Plants of the Philippines.* Manila: Dept. of Agric. and Nat. Resources, Technical Bulletin 16, Bureau of Printing, 1951, p. 503.

CANDELERO

EUPHORBIACEAE

Euphorbia lactea Haw.
Escambrón, moteado
Mottled spurge

Arbusto suculento muy ramificado oriundo del sur de Africa, muy corriente como ornamental y para verjas.

Este euforbio lactífero crece de 2 a 5 m de alto. Sus ramas de 3 a 4 angulares; cada superficie es de 4 a 6 cm de ancho, de color verde oscuro, con manchas blancas o bandas amarillas en su centro. Sus espinas color pardo, gruesas y cerca de 4 mm de largo.

Sus flores son pequeñas y poco visibles y surgen intermitentemente. En Puerto Rico esta especie no produce flores.

El látex contiene un extenso número de compuestos orgánicos, muchos de ellos inertes como irritantes, aunque desempeñan una función importante en la biogénesis de la estructura química de los principios activos de este arbusto (1). Las partes aéreas contienen compuestos químicos de actividad farmacológica marcada (2).

Este látex es cáustico, al caer en los ojos produce oftalmias y ha ocasionado ceguera en algunos casos (3). La savia es extremadamente cáustica e irritante al interior, emética y purgativa. Produce dermatitis y una fuerte irritación a las membranas mucosas (1).

REFERENCIAS

1. Upadhyay, Rajin R. and Erich Hecker. "Diterpene esters of the irritant and

carcinogen esters of E. lactea". *Phytochem.* 14 (11): 2514-2516, 1975.

2. *Chem. Abst.* (102): 218335j, 1985. "Chemical constituents of E. lactea", Boslas, R.K. and N.C. Gupta, *Herba Hung.* 23 (1-2): 85-88, 1984.

3. Roig y Mesa, Juan Tomás. "Cardón, Euphorbia lactea", *Plantas Medicinales, Aromáticas o Venenosas de Cuba.* La Habana: Ministerio de Agricultura, Publicaciones Técnicas, Cuba, 1945, p. 213.

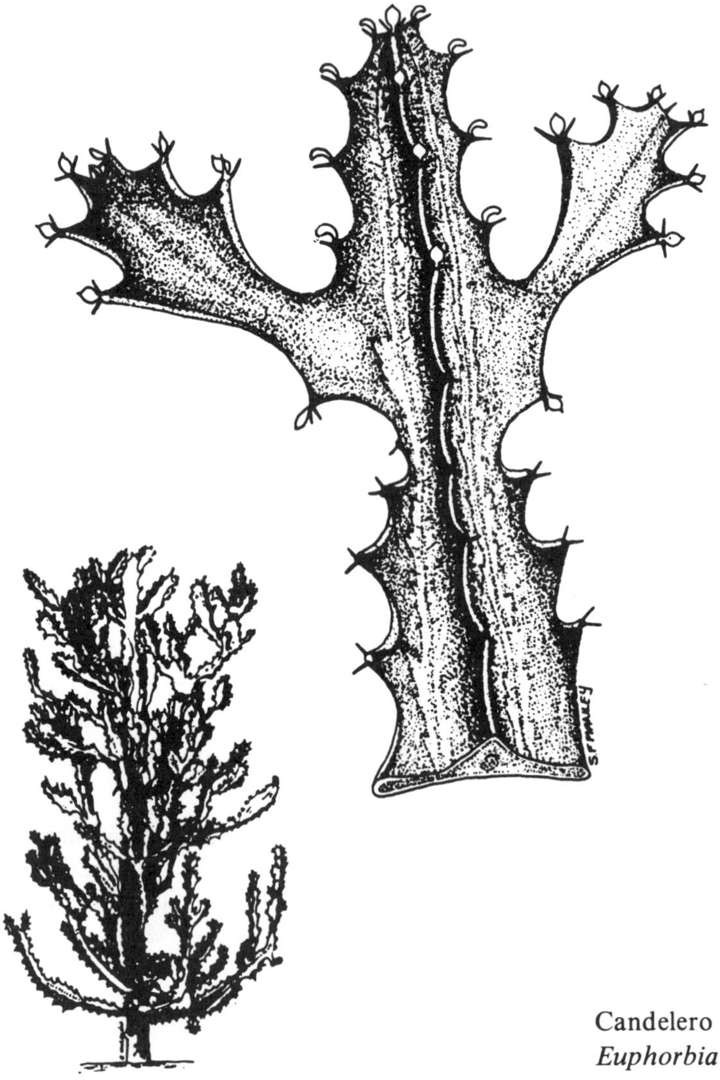

Candelero
Euphorbia lactea

CARRASCO

EUPHORBIACEAE

Euphorbia cotinifolia L.
Red spurge, poison spurge

Arbusto o árbol pequeño introducido en Puerto Rico como ornamental por su follaje rojizo atractivo, aunque no muy corriente. Es oriundo del sur de Méjico hasta las Guineas, Brasil y Perú. Se ha introducido en las Indias Occidentales.

Se caracteriza por su secreción láctea blanca, cáustica e irritante a la piel, por sus hojas ovadas anchas a casi redondas, de 4 a 6 cm de largo y de 3 a 5 cm de ancho, algunas veces más largas, de color verde a cobrizo púrpura, generalmente 3 en el mismo nudo; por sus flores pequeñas que apenas se notan y por sus frutos triangulares pequeños.

Las hojas contienen varios compuestos químicos venenosos y se han empleado en la pesca de peces (1).

La savia es venenosa, y en pequeñas dosis produce efectos vomitivos y catárticos. Al exterior se ha empleado para cauterizar tejidos (2). La secreción láctea posee propiedades emetocatárticas violentas. Varias tribus de indios la empleaban con fines criminales (3), (4).

REFERENCIAS

1. Hirota, Mitsurie; Ohigashi, Hajime; Oki, Yoshinori and Kochinizu, Koichi, "New ingenol-esters as piscicidal constituents of E. cotinifolia", *Agric. Biol. Chem.* 44 (6): 1351-1356, 1980.

2. Martínez, Máximo. "E. cotinifolia", *Plantas Medicinales de México,* 4ta. Ed., México: Ediciones Botas, 1959, p. 500.

3. Uphof, J.C. Th., "E. cotinifolia", *Dictionary of Economic Plants,* Verlag von J. Cramer, 1968, p. 215.

4. Mitchell, John and Arthur Rook. "E. cotinifolia", *Botanical Dermatology, Plants and Plant Products Injurious to the Skin.* Vancouver: Greengrass, 1979, p. 272.

Carrasco
Euphorbia cotinifolia

CEDRO PRIETO

ANACARDIACEAE

Metopium toxiferum (L.) Krug & Urban
Papayo, almendrón
Florida poison tree

Arbol pequeño, raro en Puerto Rico, más abundante en Florida, los Cayos y a lo largo de las Bahamas. Se encuentra también en Santo Domingo, en Anguila y en las demás islas de Sotavento.

Crece a una altura de 5 a 8 m y de 12 a 20 cm de grueso. Sus hojas son pinadas, generalmente con alrededor de 5 hojuelas coriáceas, mayormente ovadas, de extremos redondeados, a veces con hendiduras diminutas en el ápice. Sus flores son pequeñas, de alrededor de 5 partes. Sus frutos (drupas), de forma elíptica u oblonga, de alrededor de 1 cm de largo y de varios cm de grueso (1).

La savia de todas las partes de la planta irrita la piel, produciendo una fuerte dermatitis dolorosa con hinchazón del área. La oleorresina presente contiene el compuesto orgánico 3-pentadecil catecol entre otros compuestos irritantes presentes también (2), (3) y (4).

REFERENCIAS

1. Little, Jr., Elbert L., Frank H. Wadsworth y José Marrero, "Papayo, Florida Poisontree", *Arboles Comunes de Puerto Rico y las Islas Vírgenes.* Río Piedras, P.R.: Editorial Universidad de Puerto Rico, 1967, p. 422.

2. Mitchell, John C. and Arthur Rook. "Metopium toxiferum", *Botanical Dermatology, Plants and Plant Products Injurious to the Skin.* Vancouver: Greengrass, 1979, p. 79.

3. Lewis, Walter H. and Memory P.F. Elvin Lewis, "Resins and Resin Combinations (Anacardiaceae)". *Medical Botany, Plants Affecting Man's Health.* New York: John Wiley & Sons, 1977, p. 85.

4. Perkins, Kent D. and Willard W. Payne. "Metopium toxiferum (L.) Anacardiaceae, *Guide to the Poisonous and Irritants Plants of Florida.* Florida Cooperative Extension Service, U. of Florida, 1978. p. 36.

Cedro prieto
Metopium toxiferum

CASIA AMARILLA

CAESALPINIACEAE

Senna siamea (Lam.) Irwin & Barneby
Casia de Siam
Siamese Cassia, Siamese Senna., Bombay Blackwood

Arbol muy común en las carreteras de Puerto Rico, especialmente en las autopistas. Es oriundo de las Indias orientales. Se ha naturalizado en las Antillas.

Sus hojas son paripinadas, miden de 20 a 30 cm de largo; hojuelas de 8 a 9 pares, oblongadas, de 4 a 7 cm de largo, obtusas y apiculadas, casi glabras, de una pelusa azulada y blanquecina, algo coriáceas. Sus flores son amarillo brillantes, alrededor de 1 cm de largo. Su fruto es una vaina casi recta, aplanada, de 12 a 20 cm de largo, alrededor de 1 cm de ancho con rafe espeso.

Sus hojas contienen compuestos tánicos, y sus semillas, abundante cantidad de aceite fijo. El leño contiene compuestos derivados de la oxiantraquinona. La raíz y la corteza contienen compuestos similares. Las hojas, tallos y raíces han reaccionado positivo para el ácido cianhíndrico (1).

Debido a que este árbol no se usa con mucha frecuencia como ornamental, ni abunda en los pueblos donde pudiera constituir amenaza como árbol venenoso, no hemos sido informados de casos de toxicidad alguna. Sus compuestos orgánicos tampoco son de una relevante acción tóxica. Por tales razones no hemos entrado en la discusión de síntomas de toxicidad y tratamiento. Sin embargo, el polvo presente en la madera del tronco y las ramas puede producir conjuntivitis, dermatitis y trastornos

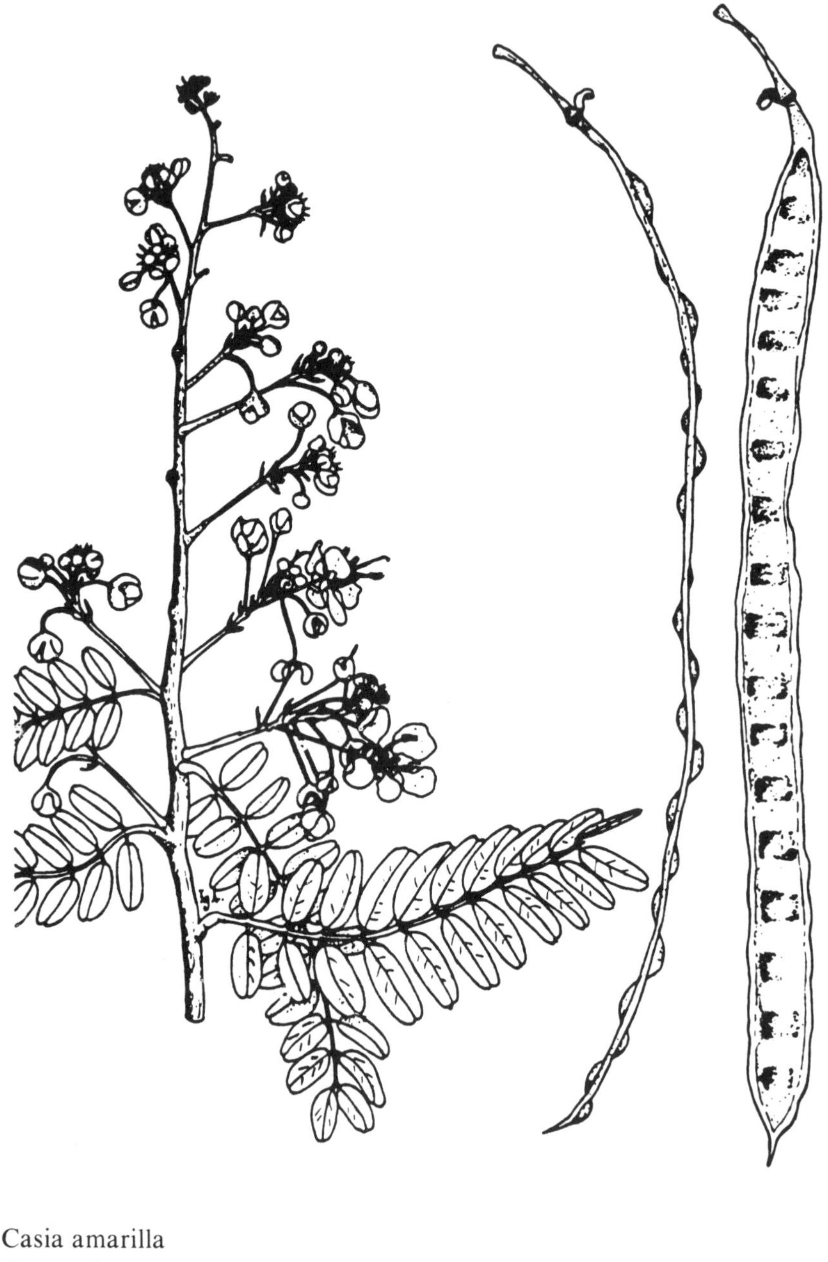

Casia amarilla
Senna siamea

respiratorios y sistémicos (2). Causa el envenenamiento de cerdos, pero no de bovinos (3).

REFERENCIAS

1. Watt, John M. and M.G. Breyer-Brandwijk. "Cassia siamea", *Medicinal and Poisonous Plants of Southern and Eastern Africa,* Second edition. Edinburgh: E. & S. Livingstone, 1962, p. 573.

2. Mitchell, John and Arthur Rook. "Cassia siamea", *Botanical Dermatology, Plants Injurious to the Skin.* British Columbia: Greengrass, 1979, p. 388.

3. Anónimo. *Las Hojas de la Cassia siamea son venenosas a los cerdos,* Puerto Rico Univ. Agric. Expt. Sta., Inform. Office, 2, 2p.

CORONA DE CRISTO

EUPHORBIACEAE

Euphorbia milii Ch. des Moulins
Corona de espinas
Crown of thorns

Planta ornamental algo trepadora, oriunda de Madagascar y cultivada en los países tropicales.

Crece de 1 a 2 m de alto; lados angulares con fuertes espinas, de 1 a 2 cm de largo, pocas hojas, generalmente en los crecimientos jóvenes, ovadas a oblongo-espatuladas, de 2 a 5 cm de largo, mucronadas y finas. Florece casi todo el año, generalmente en invierno en forma de cimas dicótomas, largo pedunculadas, con dos brácteas anchamente ovadas color rojo brillante cerca de 1 cm de ancho.

Se han separado de la planta varios compuestos venenosos (1), (2), otros de las raíces (3), (4) y también del látex (5), (6), (7).

Producen dermatitis, que puede ser corrosiva, y queratoconjuntivitis.

Si se toma al interior alguna infusión o extracción de algunas de estas partes de la planta, se producen fuertes irritaciones de la mucosa gastrointestinal (8).

La literatura científica no informa, sin embargo, de casos de envenenamientos (9).

REFERENCIAS

1. *Chem. Abst.*, (87): 146765w, 1977. "The isolation and structure of toxic principles of milliaminis A.B. and C. from E. milii", *Bull. Chem. Soc. Jap.* 50 (8): 2005-2009, 1977.

2. *Chem. Abst.* (100): 99943e, 1984. "Chem. examination of the stem of E. milii", Baslas, R.K.; and N.C. Gupta. *Herba Hung*, 22 (2): 61-64, 1983.

3. Marston, A. and E. Hecker. "On the active principles of Euphorbiaceae V1. Isolation and biological activities of 7 milliamines from E. milii", *Planta Med.*, 47 (3): 141-147, 1983.

4. Pancorbo, Salvador and Richard H. Hammer. "Preliminary phytochemical investigation of E. milii", *J. Exp.-Bot.*, 23 (75): 294-301, 1972.

5. *Chem. Abst.* (102): 218334h, 1985. "Constituents with potential effective agents from the latex of some Euphorbia species", Baslas, R.K. and N.C. Gupta.

6. Khosa, Rattan L., Bhatia Neena and Mahendra Sahai. "Milimorin, a new flavnol form the aerial parts of E. Milii", *J. Chem. Ind.* (24): 881, 1984.

7. Marston, A. and E. Hecker. "Active principles of the Euphorbiaceae, Milliamines H. and J. Peptide esters of 20-deoxi-5E-hidroxiforbol from E. milii", *Planta Med.* 50 (4): 319-322, 1984.

8. Lewis Walter H. and Memory P.F. Elvin Lewis. "E. milii", *Medical Botany: Plants Affecting Man's Health.* New York: John Willey & Sons, 1977. p. 37.

9. Kingsbury, John M. "E. milii", *Poisonous Plants of the United States and Canada.* Englewoods Cliffs, N.J.: Prentice Hall, 1964. p. 189.

GALLEGO

ARALIACEAE

Polyscias guilfoylei (Bull.) L.H. Bailey
Wild coffee

Arbusto glabro, oriundo de Polinesia y actualmente cultivado en los países tropicales.

Crece aproximadamente hasta 6 m. Sus hojas son pinadas, de 2 a 4 dm de largo, con 2 a 4 pares de hojuelas, elíptico ovadas a casi orbiculares, de 6 a 10 cm de largo, ápice corto puntiagudo. Sus flores son pequeñas, pediceladas prominentemente en largas panojas abiertas.

Se cultiva como ornamental, de aroma agradable, pero punzante en muchas formas de hojas de variados colores.

Todas las partes de la planta contienen saponinas y es una causa frecuente de dermatitis (1), (2), (3), (4).

REFERENCIAS

1. Perkins, Kent D. and Willard W. Payne. "Polyscias guilfoylei", *Guide to the Poisonous and Irritant Plants of Florida.* Gainesville, Fla.: Institute of Food and Agricultural Sciences, University of Florida, 1978, p. 42.
2. Mitchell, John and Arthur Rook. "Polyscias guilfoylei", *Botanical Dermatology, Plants and Plant Products Injurious to the Skin.* Vancouver: Greengrass, 1979, p. 123.
3. Morton, Julia F. "Polyscias guilfoylei", *Plants Poisonous to People in Florida and other Warm Areas.* Stuart, Fla.: Southeastern Printing Company, 1977, p. 123.

4. Hardin, James W. and Jay M. Arena. "List of Plants Known or Suspected to cause Dermatitis", *Human Poisoning from Native and Cultivated Plants,* Second edition. Durham: N.C.: Duke University Press, 1974, p. 14.

Guao
Comocladia glabra

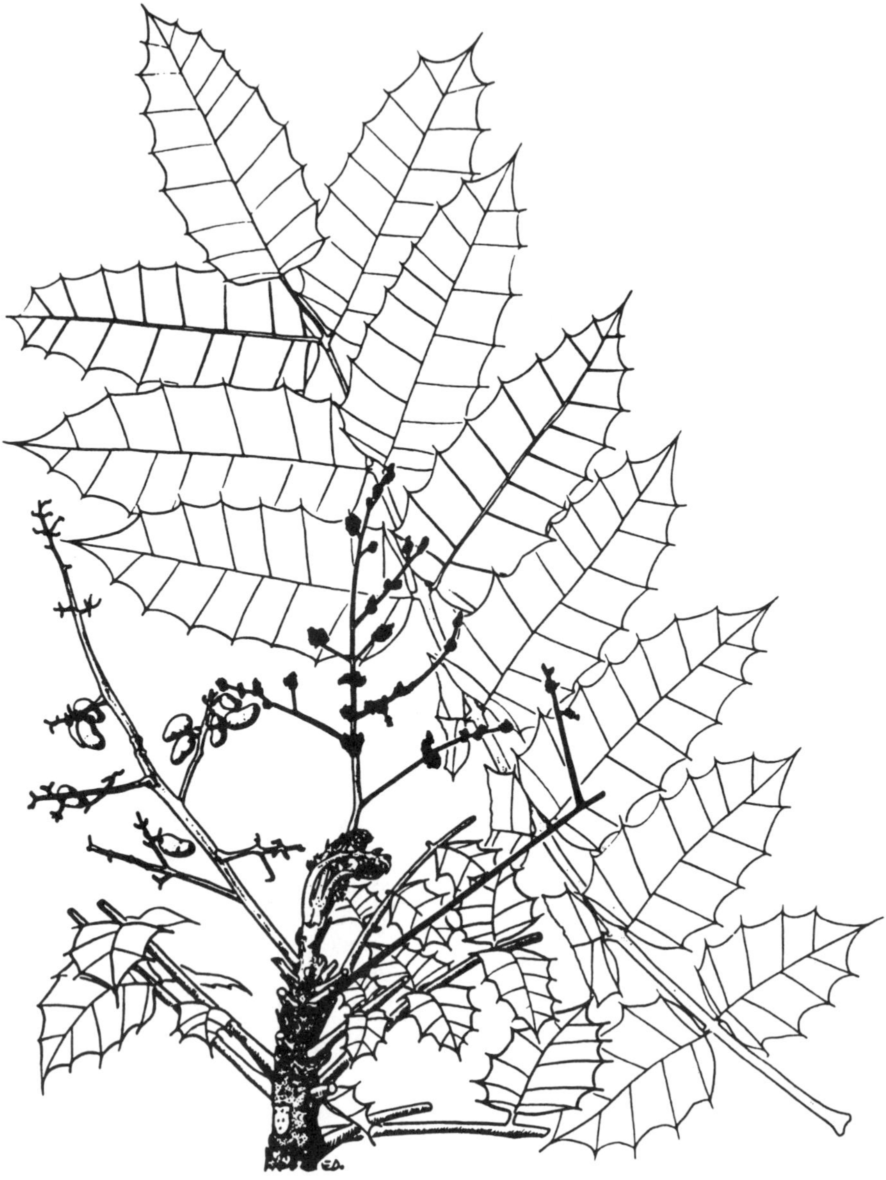

GUAO

ANACARDIACEAE

Comocladia glabra (Schultes) Spreng.
Carrasco

Arbusto o árbol pequeño que puede crecer hasta 7 m de alto, generalmente más pequeño. Es común en bosques y matorrales, en elevaciones medianas y bajas en áreas húmedas. Se encuentra también en La Española (1).

Sus hojas son compuestas y pueden medir hasta 40 cm con 11 a 31 folíolos, oblongo aovados u oblongo lanceolados de 5 a 10 cm espinulosa-dentados, agudos o acuminados.

La otra especie que existe en Puerto Rico se conoce también con los nombres de carrasco (*C. dodonea*), chicharrón, maíz tostado. El contacto con las hojas espinosas de estas dos plantas produce una fuerte irritación que persiste por varios días, aun con tratamiento.

El jugo celular de estas especies es muy cáustico y puede emplearse en lugar del nitrato de plata para destruir verrugas. A algunas personas les basta el simple contacto, aun sentarse a la sombra del árbol, para que se les produzca una inflamación en la piel. Efectos similares también se producen en otras especies (2).

REFERENCIAS

1. Little, Jr., Elbert L., Woodbury Roy O., and Frank H. Wadsworth. "Carrasco, Comocladia glabra", *Trees of Puerto Rico and the Virgin Islands,* Agric. Handbook No. 449, Washington, D.C. 20250 v.2, p. 438.

2. Roig y Mesa, Juan Tomás. "Guao, Comocladia dentata", *Plantas Medicinales, Aromáticas o Venenosas de Cuba.* La Habana: Servicio de Public. y Divulgación de Agricultura, Rep. de Cuba, 1945. v II, pp. 353-354.

HIERBA DE HICOTEA

POLYGONACEAE

Polygonum punctatum Ell.
Smartweed, poor man's pepper

Hierba común en las orillas de los ríos, arroyos y lagunas. Existe también en las demás Antillas, las Bahamas, Bermuda y en la América tropical.

Es una hierba anual o perenne, de tallo erecto o ascendente, rara vez postrada, de 3 a 12 dm de largo. Sus hojas son alternas, con limbo lanceolado, de 3 a 20 cm de largo, acuminados en ambos extremos, el nervio medio a menudo con unos pocos pelos esparcidos. Sus flores son pequeñas, en racimos estrechos con pocas flores, de 2 a 8 cm de largo. Su fruto es un aquenio oblongo, grueso lenticular a 3-angular, de 2 a 5 mm de largo.

Contiene varios compuestos químicos derivados de la antraquinona y otros derivados del ácido tánico (1).

Las hojas y las demás partes de esta planta poseen propiedades irritantes y rubefacientes (2). El jugo celular actúa en igual forma. Muchas otras especies de esta planta producen también dermatitis (3).

REFERENCIAS

1. Lewis Walter H. and Memory Elvin Lewis. "Polygonum punctatum", *Medical Botany, Plants Affecting Man's Health.* New York: John Wiley & Sons, 1977, p. 284.
2. Mitchell John and Arthur Rook. "Polygonum punctatum", *Botanical Dermatology, Plants and Plant Products Injurious to the Skin.* Vancouver: Greengrass, 1979, p. 540.

3. Perkins, Kent D. and Willard W. Payne. "Polygonum sps", *Guide to the Poisonous and Irritant Plants of Florida.* Gainesville, Fla.: Institute of Food and Agricultural Sciences, University of Florida, 1978. p. 41.

MAGO

HERNANDIACEAE

Hernandia sonora L.
Toporite

Arbol que alcanza hasta 20 m de altura. Crece en los bosques y a lo largo de los ríos en la zona húmeda de Puerto Rico. Se encuentra además en la Española, Cuba, en las Antillas Menores desde San Cristóbal hasta San Vicente y Barbados. Además se encuentra en varios países de Centro América.

Se distingue fácilmente por sus hojas grandes, ovadas, ligeramente lustrosas, con pecíolos largos, láminas anchas, de 14 cm a 2 1/2 dm de largo y de 8 a 16 cm de ancho, ápice agudo y redondeadas en la base. Su inflorescencia se presenta en racimos laterales con flores pequeñas, de color blanco verdoso con pelos finos, de color gris. Su fruto es elíptico, de 2 a 3 cm de largo dentro de una vaina hueca redondeada, de consistencia carnosa, de color amarillo, y como de 4 cm de diámetro.

Las hojas y la corteza se han usado como depilatorio y catártico (1). La madera del leño puede producir dermatitis debido a su contenido de acetato de podofilo-toxina (2), (3).

REFERENCIAS

1. Mitchell, John and Arthur Rook. "Hernandia sonora", *Botanical Dermatology, Plants and Plant Products Injurious to the Skin.* Vancouver: Greengrass, 1978, p. 349.

2. Idem, p. 349.

3. Quisumbing, Eduardo. "Hernandia sonora", *Medicinal Plants of The Philippines.* Manila: Dept. of Agriculture and Natural Resources, Republic of the Philippines, Technical Bulletin 16, 1951, pp. 328-329.

Mago
Hernandia sonora

MATRICARIA

COMPOSITAE

Chrysantemum parthenium (L.) Bernh.
Margarita
Feverfew

Planta ornamental con propiedades medicinales, oriunda de los países de Europa hasta el Cáucaso, más o menos espontánea en los trópicos.

Planta arbustosa, de 3 a 7 dm de alto, casi glabra, de fuerte olor aromático; algunas de las formas, enanas y compactas. Sus hojas, algunas veces rizadas, ancho-ovadas a oblongo-ovadas, cerca de 7 cm de largo; las inferiores pinnadas luego pinnatífidas, las superiores profundamente divididas con 2 a 3 pares de segmentos cerca de 1 cm de ancho, dentadas. Su inflorescencia consiste en numerosas cabezuelas agregadas de 1 a 2 cm de ancho con el disco floral amarillo.

Las hojas y la inflorescencia contienen lactonas de un sesquiterpeno, responsables de sus efectos sobre el sistema respiratorio y la piel (1).

Otras plantas de este mismo género que producen efectos similares son el pelitre (*C. coccineum*) que produce el insecticida piretro, de hojas también pinnatífidas, cabezuelas florales tubulares y florecillas liguladas rojizas, y el pompón chino (*C. indicum*), muy corriente en las floristerías. Sus hojas son grandes, generalmente gruesas y pesadas (2).

REFERENCIAS

1. Mitchell, John and Arthur Rook. "Chrysantemum", *Botanical Dermatology, Plants and Plant Products Injurious to the Skin.* Vancouver: Greengrass, 1979, p. 195.
2. Idem, p. 196.

ORTIGA BRAVA

URTICACEAE

Urera baccifera (L.) Wedd.
Stinging nettle

Es un arbusto que se encuentra en las malezas y bosques en elevaciones bajas y medianas en las islas del Caribe, América Central y América del Sur.

Puede crecer hasta 5 m de altura, de tallo robusto, con fuertes aguijones agudos, hojas aovado-redondeadas a aovado-oblongas, de 10 a 30 cm, agudas o acuminadas, margen aserrado con pelos urticantes; cima ramificada, color rosa a roja. Su fruto es una baya rosada o blanca, de 4 a 6 mm (1).

Hay otras dos especies de ortiga en Puerto Rico, la ortiga colorada (*U. Caracasana*) y la indígena, (*U. chlorocarpa*), no muy comunes.

Las hojas, tallo y demás partes desarrolladas de estas ortigas poseen espinas y pelos urticantes, rectos o curvos, que producen dolor muy intenso cuando penetran la piel. Este dolor y la inflamación pueden durar por varios días (2).

REFERENCIAS

1. Roig y Mesa, Juan Tomás. "Chichicate, Urera baccifera", *Plantas Medicinales, Aromáticas o Venenosas de Cuba.* La Habana: Servicio de Public. y Divulgación, Ministerio de Agric., 1945. t.I, p. 273.
2. Mitchell, John and Arthur Rook. "Urera", *Botanical Dermatology, Plants and Plant Products Injurious to the Skin.* Vancouver: Greengrass, 1979, p. 712.

PAJUIL

ANACARDIACEAE

Anacardium occidentale L.
Cashew

Arbol pequeño, de 3 a 4 m de altura, de la costa norte de Puerto Rico, propio de los terrenos arenosos húmedos. Se encuentra también en las islas vecinas, Culebra, Vieques, Santa Cruz, Santo Tomás y en otros países de la América continental tropical de donde esta especie es oriunda.

Se caracteriza por su copa tupida, hojas alternas, obovadas o elípticas, coriáceas, de color verde azuloso mate, de 5 a 15 cm de largo y de 3 a 7 cm de ancho. Sus flores son pequeñas, con 5 pétalos muy angostos de tallo corto en grandes panojas. Su fruto es carnoso, en forma de una pera, de color amarillo o rojizo, de 4 a 6 cm de largo y de 4 a 5 cm de ancho. En su parte inferior tiene una nuez en forma de riñón pequeño, de color pardo lustroso, comestible al tostarse, de 2 a 3 cm de largo.

Entre las capas de la cáscara de la nuez se encuentra un aceite que contiene un grupo de compuestos irritantes y peligrosos, relacionados químicamente con los que se encuentran en zumaque, que producen una fuerte dermatitis (2). Producen quemazón e inflamación de la boca, labios y piel (2). Las nueces se procesan para remover la cáscara y el aceite. Luego se cuecen y se empacan para usarse como alimento (1).

REFERENCIAS

1. DerMaderosian, Ara, "Cashew Nut Consumption and Skin Rash, in The Lawrence", *Review of Natural Products,* 4 (4), April, 1983.

2. Perkins, Kent D. and Willard W. Payne. "Anacardium occidentale", *Guide to the Poisonous and Irritant Plants of Florida.* Gainesville, Fl.: University of Florida, 1978, p. 11.

Pajuil
Anacardium occidentale

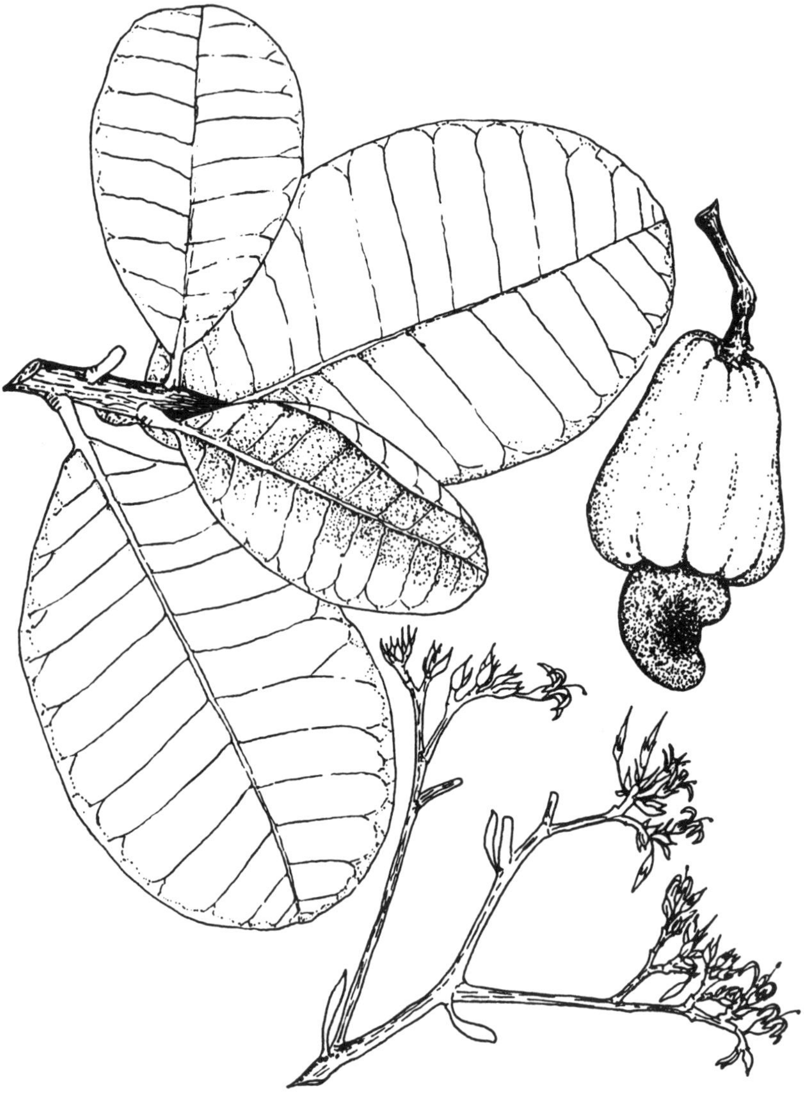

PALMA DE COLA DE PESCADO

PALMACEAE

Caryota mitis Lour.
Fish-tail palm

Palma del Asia tropical y Malaya, de tronco bajo, que puede crecer hasta 8 m con hojas de 1 a 3 m de largo, color verde pálido; segmentos más bien finos, flexibles, con numerosos listones livianos, los terminales lobulados irregularmente en el ápice, los laterales casi truncados a truncados oblicuos; el borde dentado generalmente no cubre más de la mitad de la paleta; el espádice mucho más pequeño que en la otra especie. Las frutas, cerca de 1 cm de diámetro, son de color negro-azulado con semillas globosas.

La otra especie que existe en Puerto Rico (*C. urens* (L.), conocida con el mismo nombre común y como palma de vino, es mucho más alta, de 25 m; no es sobolífera y todas sus hojas son largas, de 4 a 6 m, de color verde oscuro; sus segmentos son gruesos y firmes, fuertemente costillados en forma de cola de pescado; el espádice es de 3 a 4 m de largo. Su fruto es de 1.5 cm de diámetro y color rojizo. Es también oriunda de Asia y Malaya.

La fruta madura de estas palmas contiene numerosos cristales de oxalato de calcio (1). En contacto con la piel produce un picor intenso. Estos accidentes ocurren generalmente cuando se cogen las frutas y se elimina la cáscara que las cubre o se trata de sembrar las semillas. La inflamación en la piel dura algunas horas (2). Es irritante también a los ojos (3).

REFERENCIAS

1. Snyder, Diane S., Hotfield, George M. and Kenneth F. Lampe. "Examination of the itch response from the raphides of the fishtail palm, Caryota mitis", *Toxicol. App. Pharmacol.* 48 (2): 287-292, 1979.

2. Mitchell, John and Arthur Rook. *Botanical Dermatology.* Vancouver: Greengrass, 1979, p. 502.

3. Perkins Kent D. and Willard W. Payne. "Caryota mitis and C. urens", *Guide to the Poisonous and Irritant Plants of Florida.* Gainesville, Fl.: Institute of Food and Agricultural Sciences, University of Florida. 1978, p. 16.

PAPAYUELO

EUPHORBIACEAE

Cnidoscolus aconitifolius (Mill.) I. M. Johnst.
Papayo Macho
Spurge nettle, stinging spurge

Este pequeño árbol ornamental es indígena del sur de México y posiblemente del norte de América central hasta Guatemala y Honduras. Se cultiva también en los demás países de América Central y en las islas del Caribe.

Crece de cuatro a seis metros de alto, con pocas ramas y una densa copa limitada casi a la mitad de su superficie. Sus hojas son alternas con largos peciolos, de 1 a 3 dm de largo, su forma palmeada con 5 a 7 lóbulos, profundamente divididos. Su inflorescencia se presenta en racimos (cimas) terminales al final de un tallo largo, aplanadas arriba. Se encuentran pelos punzantes en las ramitas pequeñas y en el tallo de las flores. Sus flores son olorosas, pequeñas y numerosas, blancas. Su fruto es de forma elíptica, lleno de cerdas con tres semillas de aproximadamente 1 cm de largo. Esta especie de árbol no fructifica en Puerto Rico.

De sus ramas y hojas, al partirse, brota la secreción láctea urticante. Los pelos punzantes que se encuentran en las hojas y los tallos contienen una sustancia cáustica irritante que produce una inflamación dolorosa y ardiente, al igual que el contacto con el árbol (1), (2).

REFERENCIAS

1. Hardin, James W. and Jay M. Arena. "Cnidoscolus stimulosus...", *Human*

Poisoning from Native and Cultivated Plants. Durham, N.C.: Duke University Press, 1974, p. 17.

2. Lampe, Dr. Kenneth F. and May Ann McCann, *A.M.A. Handbook of Poisonous and Injurious Plants.* Chicago: American Medical Association, 1985, p. 187.

Papayuelo
Cnidoscolus aconitifolius

PASCUA

EUPHORBIACEAE

Euphorbia pulcherrima Willd. ex Klotzch.
Flor de pascua
Poinsettia

Arbusto ornamental, muy cultivado especialmente durante la Navidad. Es oriundo de México y cultivado en países tropicales y subtropicales de ambos hemisferios. Hay algunas variedades en las que las hojas florales son blancas o rosadas.

Crece desde 5 dm hasta 3 m o más de alto. Las hojas son ovado-elipsoidales a lanceoladas, de 6 a 12 cm de largo, su margen es entero o sinuado-dentado o lobada con peciolo largo, pubescentes por debajo; las hojas superiores más estrechas, margen mayormente entero, color bermellón brillante (rojo), involucros, verdosos aproximadamente 5 mm de ancho con una glándula grande color amarillo en un lado.

Los distintos órganos de esta planta contienen numerosos compuestos orgánicos a muchos de los cuales debe su acción farmacológica (1), (2), (3), (4), (5), (6).

El látex es sumamente irritante. En México y Brasil se emplea como depilatorio. Las hojas, corteza y raíz se han informado como tóxicos (7). Los renuevos, hojas y frutos producen irritación local con dolores abdominales, vómitos y diarreas (8). Puede producir la muerte a personas que ingieran hojas de la planta. Se informa de un niño de dos años muerto luego de haberlas comido (9).

REFERENCIAS

1. Grupta, D.R., R., Bhushan, B. Ahmed and R.P. Dhiman, "Chem. investigation of fruits of E. pulcherrima". *J. Nat Prod.* 46 (6): 937-938, 1983.
2. Domínguez, Jorge Alejandro; García Delgado Jesús; Maffey, María de Lourdes; Mares, José G.; y Caros Rombald. "Chemical Study of the stems, bracts and flowers of Christmas flower (E. pulcherrima)", *J. Pharm., Sc.* 56 (9):1184-5, 1967.
3. Billot, Jean. "Changes in flavonoids during the growth of P. bracts." *Phytochemistry,* 13 (12): 2673-8, 1974.
4. Sekula, Bernard C. and William R. Nes. "The identification of cholesterol and other steroids in E. pulcherrima". *Phytochemistry*, 1980, 19 No. 7, 1509-12.
5. Lynn, K.R., and Clevette-Radford, N.A. "A serine protease from E. pulcherrima", *Phytochemistry*, 23 (3): 682-683, 1984.
6. Asen, Sam. "Anthocyanins in bracts of E. pulcherrima as revealed by paper chromatographic and spectrophotometric methods" *Plant Physiol.* (33): 14-17, 1958.
7. Watt, John Mitchell and María Gerdina Breyer-Brandwijk. "Euphorbia pulcherrima", *The Medicinal and Poisonous Plants of Southern and Eastern Africa,* 2nd. edition. Edinburgh and London: E.S.S. Livingstone, 1962. p. 414.
8. Hardin, James W. and Jay M. Arena. *Human poisoning from native and cultivated plants.* Durham, N.C.: Duke University Press, 1969, p. 115.
9. Kingsbury, John M. "Euphorbia pulcherrima", *Poisonous Plants of the United States and Canada.* Englewood Cliffs, N.J.: Prentice-Hall, 1964, p. 189.

PICA PICA

PAPILIONACEAE

Mucuna pruriens (L.) DC.
Cow itch

Planta anual trepadora que se encuentra principalmente en los montes y matorrales en sitios de poca elevación. Se encuentra, además, en las otras Antillas, en la América tropical continental y en los trópicos del Viejo Mundo.

Su tallo es estriado, cilíndrico y pubescente. Florece en otoño e invierno y sus flores son grandes, de 4 a 5 cm en largos racimos tupidos axilares del largo de las hojas. Estas son largo pecioladas, pubescentes; sus hojuelas con estipulillas cerdosas. Su fruto es una legumbre de 10 cm de largo, cubierto con numerosos pelitos vegetales peligrosos al tacto.

Las semillas contienen dos alcaloides, la mucinina y la muconadina principalmente, y un glucósido tóxico también (1). El compuesto orgánico pruritogénico es una encima proteolítica, la mucunaína (2), (3).

Los pelitos vegetales que cubren la fruta producen irritaciones y erupciones dolorosas en contacto con la piel o las membranas mucosas. Han producido fuertes urticarias a los labradores. Algunos han desarrollado conjuntivitis (2).

El nombre de "pica pica" también se le asigna a una planta algo carnosa (*Laportea aestuans*) de hojas aovadas o aovado orbiculares de 7 a 15 cm, dentadas, agudas o acuminadas y de flores pequeñas. Sus hojas poseen numerosos pelos urticantes.

REFERENCIAS

1. Watt, John and María Gerdina Breyer Brandwijk. "Mucuna pruriens", *The Medical and Poisonous Plants of Southern and Eastern Africa.* Edinburgh and London: E. & S. Livingstone, 1962, p. 634.
2. Mitchell, John and Arthur Rook. "Mucuna pruriens", *Botanical Dermatology Plants Injurious to the Skin.* Vancouver: Greengrass, 1979, p. 414.
3. Lewis Walter H. and Memory P.F. Elvin Lewis. "Mucuna pruriens", *Medical Botany Plants Affecting Man's Health.* New York: John Wiley & Sons, 1977, p. 79.

PIMIENTA DEL BRASIL

ANACARDIACEAE

Schinus terebinthifolius Raddi
Christmas berry tree

Es un arbusto o árbol pequeño ornamental muy atractivo por sus racimos de fruta rojo brillante, oriundo del Brasil, Paraguay y Argentina. Se ha introducido en Centro América, en el Sur de Estados Unidos y en otros países tropicales. Crece de 6 a 7 m de alto.

Se distingue por sus hojas pinadas, mayormente con 5, 7, ó 9 hojuelas, sésiles, elípticas u oblongas en pares, excepto la más larga en el extremo, ligeramente dentadas. Se distingue, además, por sus racimos de numerosas flores pequeñas, cerca de 2 mm a lo ancho de sus cinco pétalos blancos.

Sus hojas son alternas, de 6 a 12 cm de largo, verdes y ligeramente peludas, sus hojuelas de 2 a 4 cm de largo y de 10 a 12 mm de ancho, puntiagudas en ambos extremos. Sus flores se presentan en panojas, generalmente en la base de las hojas superiores, de 2 a 6 cm de largo ramificadas. Sus frutos se presentan en drupas, carnosas, rojo brillante con una semilla pequeña pardo pálida en su pulpa resinosa, aromática color parda.

Todas las partes de este árbol, tallo, corteza, hojas, flores y frutas contienen entre sus compuestos orgánicos un grupo de constituyentes que producen una fuerte dermatitis (1), (2), (3), (4), (5), (6) cuando se poda este arbusto ornamental en flor (o el árbol si así fuere). Se produce una fuerte picazón (dermatitis intensa) que puede causar inflamación de la cara y la

Pimienta del Brasil
Schinus terebinthifolius

vista. Las flores y la fruta machacadas producen fuerte irritación al respirarse su aroma (7).

Al ingerirse una porción de la fruta se produce irritación gastrointestinal, vómitos, diarreas, dolor de cabeza y fatiga (8).

REFERENCIAS

1. *Chem. Abst.* (80):68374g, 1974. "Pharmacognostic Study of the bak of S. terebinthifolius", Borio, Edith B. L., Carlos Cecy; Yoshiko Yasumato, *Cienc. Cult.* 25 (7): 631-634 (Port.) 1973.
2. De Paiva Campello, Jayr; and Anita J. Marsaioli. "Iriterpenes of S. Terebinthifolius", *Phytochemistry* 13 (3), 1974.
3. De Paiva Campello, Jayr; and Anita J. Marsaioli. "Terebinthifolic acid and Baverenone, New Triterpenoid Ketones from S. terebinthifolius", p. 2300-3. *Phytochemistry,* 14 (10): 2300-2303, 1975.
4. *Chem. Abst.* (99): 119316s, 1983. "Cardonol, a skin irritant in pink pepper", Stahl, Egon; K. Keller; and C. Blinor, *Planta Med.* 48 (1): 5-9, 1983.
5. *Chem. Abst.,* (95): 39056j, 1981. "Chem. study of Bourbon red berries", Pieribattesti, J.C., J.Y. Conan, J. Grondin, E.J. Vincent; M. Guerere; and Ann Falsif. *Expert Chem. Toxicol,* 74 (793): 11-16, 1985.
6. Tampion, John. "Appendix 2 Plant causing dermatitis, S. terebinthifolius", *Dangerous Plants.* New York: Universe Books, 1977, pp. 160, 163.
7. Perkins, Kent D. and Willard W. Payne. "Schinus terebinthifolius", *Guide to the Poisonous and Irritant Plants of Florida"* Gainesville, Fl.: Inst. of Food and Agric. Sciences, U. of Florida, p. 46.
8. Watt, John M., María G. Breyer - Brandwijk. *The Medicinal and Poisonous Plants of Eastern and Southern Africa.* 2nd. edition. Edinburgh: E. & S. Livingstone, 1962, p. 51.

PRINGAMOSA

EUPHORBIACEAE

Tragia volubilis L.
Stinging vine, stinging nettle

Planta trepadora, común en terrenos pedregosos y secos, matorrales y terrenos de poca altura. Se encuentra también en las demás Antillas y en la América tropical continental.

Su tallo es delgado, de 2 mm promedio y de 1 a 4 m de largo. Los tallos, hojas y frutos con numerosos pelos urticantes. Sus hojas son alternas, de oblongas a oblongo-lanceoladas o aovadas, delgadas, crenadas o aserradas, de 2 a 6 cm de largo, agudas en el extremo y la base redondeada. Su fruto es una cápsula, de 6 a 7 mm de ancho.

Todas las partes de la planta son rubefacientes y producen una intensa dermatitis (1), (2).

REFERENCIAS

1. Roig y Mesa, Juan Tomás. "Pringa-Mosa, Tragia volubilis L.", *Plantas Medicinales, Aromáticas o Venenosas de Cuba.* La Habana: Pub. Ministerio de Agricultura, Cuba, 1945. p. 570.
2. Vélez, Ismael. "Tragia volubilis L. (Pringamosa)", *Plantas indeseables en los cultivos tropicales.* Río Piedras: P.R.: Editorial de la Universidad de Puerto Rico, 1950, p. 236.

SANGRIA

COMMELINACEAE

Rhoeo spathacea (Sw.) Stearn
Sanguinaria
Oyster plant

Planta común en patios y jardines. Crece también en las demás Antillas, en la Florida y las Bahamas.

Es una hierba de tallo corto, algo carnosa, lampiña. Su tallo es robusto de 0.7 a 2 dm de altura y de 2 cm de grueso. Sus hojas son escasas, casi rectas lanceolado-oblongas, de 2 a 4 dm de longitud, acuminadas, de 3.5 cm de ancho, verde oscuras en la cara superior, purpúreas en la inferior, algo carnosas. Sus flores blancas, cerca de 5 mm de largo, umbeladas, casi ocultas dentro de los brácteas. Su fruto es una cápsula ovoide, triangular, de 4 a 4.5 mm de largo con semillas de 3 a 4 mm.

Las hojas contienen antocianinas y dopamina, entre otros compuestos orgánicos perjudiciales (1), (2).

Esta planta puede producir irritación de las manos, la boca, ojos y del trayecto respiratorio. El masticar o manipular estas plantas puede producir estos efectos. El jugo celular se ha usado para colorear las mejillas, pero su efecto irritante puede producir eritemas (3), (4).

REFERENCIAS

1. *Chem. Abst.* (93): 164420h, 1980. "Anthocyanins of the Bignoniaceae", Scogin, Ron. *Biochem. Syst. Ecol.* 8 (3): 2736, 1980.

2. Lewis, Walter H. and Memory P.F. Elvin Lewis. "Rhoeo spathacea", *Medical*

Botany Plants Affecting Man's Health. New York: John Wiley & Sons, 1977, p. 160.

3. Morton, Julia F. "Rhoeo spathacea", *Plants Poisonous to People in Florida* and other Warm Areas. Stuart, Fla.: Southeastern Printing Co., pp. 77-78.
4. Perkins Kent D. and Willard W. Payne. "Rhoeo spathacca", *Guide to the Poisonous and Irritant Plants of Florida,* 1978. p. 44.

TABEIBA

EUPHORBIACEAE

Sapium Paurocerasus Desf.
Hinchahuevos, lechecillo

Arbol autóctono de Puerto Rico, propio de los bosques húmedos de medianas o altas elevaciones, particularmente en regiones calcáreas.

Crece de 7 a 20 m de alto y de troncos cerca de 6 dcm de diámetro. Se caracteriza por su abundante jugo lechoso muy irritante (1). Sus hojas son oblongas o elípticas, de color verde oscuro, ligeramente gruesas y brillantes. Sus flores son de color verde amarillento. Su fruto se presenta en cápsulas, casi redondas o ligeramente angulares, cerca de 5 mm de diámetro con tres semillas blancas en su interior, de cerca 3 mm de largo.

De sus hojas, tallos y demás partes del árbol, brota latex al partirse y al contacto con la piel o cualquier otra parte del cuerpo produce una fuerte dermatitis (1).

Una revisión de la literatura científica para verificar la naturaleza de los compuestos químicos presentes en este árbol, autóctono de Puerto Rico, indica que aún no ha sido sometido a su estudio fitoquímico. Estudios que ha efectuado el autor de la presente obra en ratas revelan que su acción tóxica es leve.

Otras especies del género Sapium presentes en Puerto Rico revelan más toxicidad. La naturaleza química de sus compuestos orgánicos ha sido más estudiada (2), (3).

REFERENCIAS

1. Little, Jr., Elbert L., Frank H. Wadsworth y José Marrero. *Arboles Comunes de Puerto Rico y las Islas Vírgenes.* Río Piedras, P.R.: "Tabeiba Sapium laurocerasus Desf", Editorial de la Universidad de Puerto Rico, Río Piedras, P.R. 1967. p. 413.

2. *Chem. Abs.* (63): 10224f, 1965. Sprecher, Howard W., Rene Maier, M. Barber and Ralph T. Holman (Univ. of Minn., Austin) "Structure of an optically active containing trigliceride isolated from the seed oil of Sapium sebiferum." 4 (9): 1856-63, 1965 Eng.

3. *Chem. Abs.* (63):4663g, 1965. Hirayama, Osama (Univ. of Kyoto, Japan) *J. Biochem.* (Tokyo) 57 (5): 581-9, 1965. Eng. "Lipids and lipoproteins in chlorophyll of Sapium sebiferm".

Tabeiba
Sapium laurocerasus

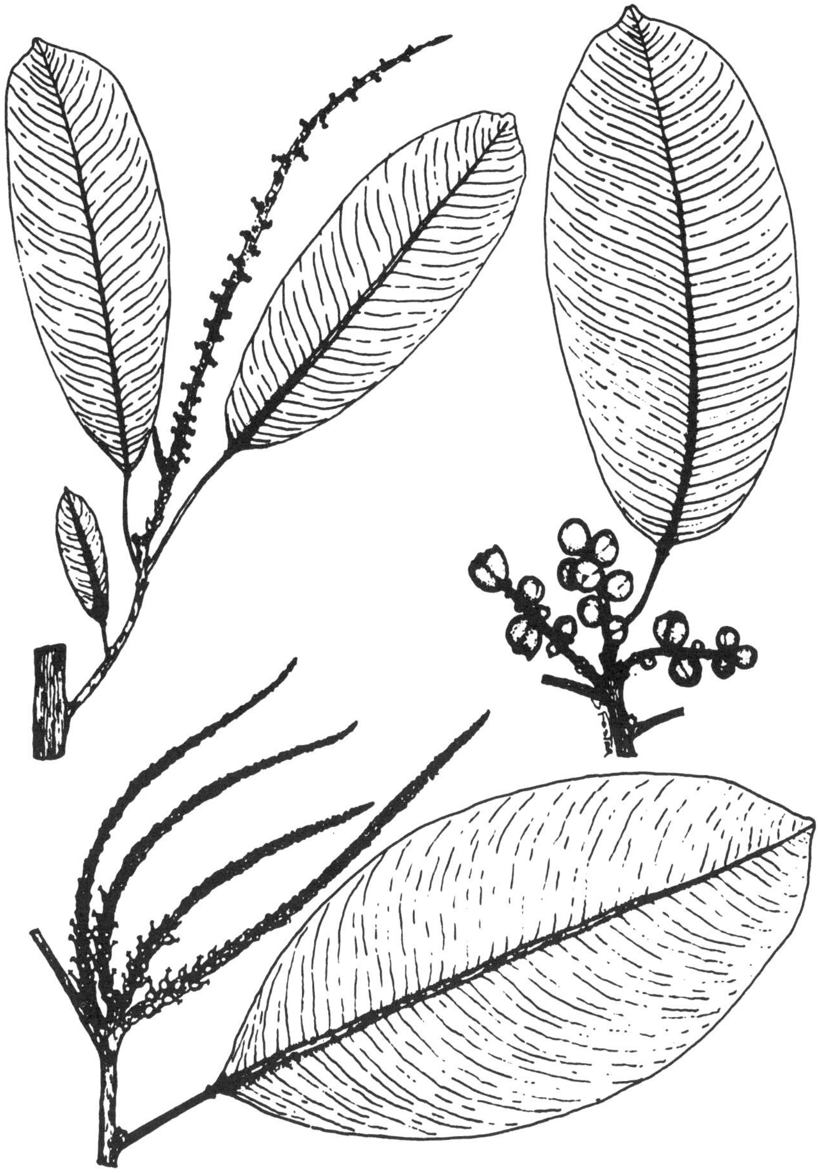

TINAJA

EUPHORBIACEAE

Jatropha podagrica Hook
Gouty-stalked Jatropha, coral plant

Es una planta vivaz, muy corriente en los jardines por el color de sus flores y la forma atractiva de su tallo, que parece una diminuta tinaja. Se encuentra también en otras islas del Caribe y de América Central.

Puede crecer hasta poco más de medio metro de altura, algunas veces ramificada con muy pocas hojas grandes cerca de su cima. Sus hojas son de 10 a 20 cm de ancho, de margen redondeado, de lóbulos anchos obtusos. Sus flores son de color rojo, similares a las de tártago emético.

Esta planta posee la reputación de ser venenosa en forma similar a las demás especies de su género, aunque no se han informado casos de envenenamiento en la literatura (1), (2). Sin embargo, se informa que produce dermatitis.

REFERENCIAS

1. Pérez Arbelaiz, Enrique. "Yuco corales (Jatropha podagrica)", *Plantas Utiles de Colombia.* Madrid: Sucrs. de Rivadeneyra, 1956, p. 357.
2. Everist, Selwyn L. "Jatropha podagrica, Hook", *Poisonous Plants of Australia,* Angus and Robertson, 1974. p. 201.
3. Perkins, Kent D. and Willard W. Payne. *Guide to the Poisonous and Irritant Plants of Florida.* "Jatropha podagrica Hooker", page 30. University of Florida, Gainesville, 1978.
4. Mitchell, John and Arthur Rook. "Jatropha podagrica", *Botanical Dermatology, Plants and Plant Product Injurious to the Skin.* Vancouver: Greengrass, 1979, p. 292.

TREPAPALO AMARILLO

ARACEAE

Epipremnum aureum (Linden & André) Bunt.
Amapalo amarillo, mata de agua
Taro vine, yellow lover, Pothos

Es una planta trepadora, nativa de las Islas Salomón. Se extiende a gran altura en los árboles con abundancia de hojas jaspeadas. Raras veces florece y sus hojas son ampliamente ovadas. Cuando la planta crece sobre la tierra, las hojas son de tamaño pequeño, pero tan pronto trepan a árboles crecen hasta de 5 a 7 dm de largo. Sus hojas son de superficie suave, jaspeadas, color verde oscuro y amarillo pálido (1).

El jugo celular (látex) de las hojas y demás órganos de esta planta contiene numerosos cristales de oxalato de calcio en forma de rosetas pequeñas y agujas, denominados rafidios. Al partirse las hojas o cualquier otra parte de la planta y estar en contacto con la piel, se produce una fuerte irritación. Si el látex estuviera en contacto con el cutis, los ojos o la boca se produciría igualmente irritación que puede extenderse al tubo gastrointestinal y producir diarreas (2).

REFERENCIAS

1. Everett, Thomas H. "Epipremnum aureum", *Encyclopedia of Horticulture.* New York: New York Botanical Garden, 1981. v. IV, p. 1222.
2. Lampe, Kenneth F. and Rune Fagerström. "Plants Producing Irritation primarily of the Mouth". *Plant Toxicity and Dermatitis A Manual for Physicians.* Baltimore: The Williams & Wilkins, 1968, pp. 11-12.

Yaití

Ateramus lucidus

YAITI

EUPHORBIACEAE

Ateramus lucidus (Sw.) Rothm
Ramón, tabaco
Crabwood

Arbol o arbusto pequeño, propio de los bosques y malezas de las regiones calizas de Puerto Rico. Se encuentra además en La Mona, Desecheo, Icaco, Culebra, Vieques, Santa Cruz, Santo Tomás y en otros países de las Antillas y del continente.

Alcanza cerca de 10 m de altura y de 1 a 2 dcm de diámetro. Sus hojas son alternas, coriáceas, de 2 a 4 cm de largo y de 1 a 3 cm de ancho. Sus flores son ligeramente agradables, aromáticas y muy pequeñas. Las frutas se presentan en cápsulas de color castaño y nacen en tallos delgados, de 2 a 4 cm de largo, redondeadas, más anchas que largas, con 3 o menos semillas color castaño en su interior.

El látex que brota de las hojas y tallos produce inflamación en la piel, y el humo que se forma al quemar la madera irrita la vista (1).

La decocción preparada con la corteza se ha empleado para calmar el dolor de muelas (2). El látex se ha empleado para destruir los callos (2).

REFERENCIAS

1. Little Jr., Elbert L., Frank H. Wadsworth y José Marrero. "Yaití, Gymnanthes lucida Sw", *Arboles Comunes de Puerto Rico y las Islas Vírgenes.* Río Piedras, P.R.: Editorial de la Universidad de Puerto Rico, p. 394.
2. Roig y Mesa, Juan Tomás. "Yaití, Gymnanthes lucida Sw", *Plantas Medicinales, Aromáticas o Venenosas de Cuba.* La Habana: Ministerio de Agricultura, Rep. de Cuba 1945. t. II, p. 689.

IV

PLANTAS MISCELANEAS
DE PUERTO RICO
QUE PRODUCEN FITOFOTODERMATITIS

CRUCIFERAE

Helianthus annuus L.
Girasol, mirasol
Sunflower

Brassica hirta Moench
Mostaza blanca
White mustard

Brassica nigra (L.) Koch
Mostaza negra
Black mustard

GRAMINEAE

Panicum maximum Jacq.
Hierba de guinea, gramalote,
Hierba de Borinquen
Guinea grass, giant guinea grass

GUTTIFERAE

Hypericum hypericoides (L.) Crantz
Arrayanillo, Cruz de San Andrés
St. Andrew's Cross

MORACEAE

Ficus carica L.
Higo, higuera
Fig

RUTACEAE

Citrus aurantium ssp. bergamia (Risso & Poit) W. & A.
Bergamota
Bergamot

Citrus aurantifolia (Christm.) Swingle
Lima, limón agrio
Lime

Citrus limon (L.) Brum. f.
Limón, limón de cabro
Lemon, rough lemon

Citrus medica L.
Cidra
Citron

Ruta chalapensis L.
Ruda
Rue

UMBELLIFERAE

Anethum graveolens L.
Eneldo, esmeldo
Dill, garden dill

Anthriscus cereifolium (L.) Hoffman
Perifolio
Garden chervil

Apium graveolens L.
Apio
Celery

Daucus carota L.
Zanahoria
Carrot

Foeniculum vulgare Mill.
Hinojos
Fennel

Petroselinum crispus (M.) Nyman ex A.W. Hill
Perejil
Parsley

VERBENACEAE
Lantana camara L.
Cariaquillo
Yellow sage

V
PLANTAS MISCELANEAS DE PUERTO RICO QUE PRODUCEN DERMATITIS

AGAVACEAE
Agave americana L.
Maguey, henequén, pita
Century plant, agave

Agave sisalana Perrine
Sisal

AMARANTHACEAE
Amaranthus spinosus L.
Blero espinoso
Spiny amaranth

Amaranthus viridis L.
Blero manso, blero blanco
Lumboo

AMARYLLIDACEAE
Narcissus tazetta L.
Narciso
Narcissus

ANACARDIACEAE
Mangifera indica L.
Mangó, mango
Mango

Comocladia dodonaea (L.) Urban
Chicharrón, maíz pelado, maíz tostado
Cock spur, poison ash, prapra

ARACEAE
Monstera deliciosa Liebm.
Monstera, piñanona
Casiman, ceriman, monstera

BALSAMINACEAE
Impatiens balsamina L.
Espuela de galán
Garden balsam

BIGNONIACEAE
Mansoa hymenaca (DC.) A. Gentry
Bejuco de ajo, mata de ajo
Garlic vine

BORAGINACEAE
Borago officinalis L.
Borraja
Borage, talewort

BROMELIACEAE
Ananas comosus (L.) Merrill
Piña, ananás
Pineapple

Pitcairnia angustifolia Aiton
Piña cortadora, piña de cuervo, erizo

CAPPARACEAE
Cleome spinosa Jacq.
Aromo, flor de perro, gusanera, jazmín apestoso,
Volantines punzantes
Spider flower, wild massambee

CARICACEAE
Carica papaya L.
Lechosa, papaya
Papaw, melon tree

CHENOPODIACEAE
Chenopodium ambrosioides L.
Pazote, apazote, pasote
Wormseed, sowbane

COMMELINACEAE
Tradescantia pallida (Rose) Hunt
Cohitre morado
Purple queen

COMPOSITAE
Achillea millefolium L.
Perla
Milfoil, yarrow

Chrysanthemum coccineum Willd.
Piretro, pelitre
Pyrethrum

Chrysanthemum indicum L.
Crisantemo, pompón chino
Chrysanthemum

Pseudogynoxys chenopodioides (Kunth) Cabrera
Margarita mejicana, orgullo de Mayagüez, senecio
Mexican daisy

CYPERACEAE
Scleria canescens Boeck
Cortadora

EBENACEAE
Diospyros ebanum Köenig ex Rotz
Ebano, guayabota
Ebony

EUPHORBIACEAE
Acalypha hispida Burm. f.
Berica, rabo de gato
Chenille plant

Acalypha wilkesiana Muell. Arg.
Acalifa, capa de obispo, primavera
Jacoba coat, match me if you can

Aleurites forddii Hemsl.
Palo de aceite
Tung oil tree, China wood-oil tree, tungue

Caperonia palustris (L.) St. Hil.
Sacatrapo

Chamaesyce hirta (L.) Millsp.
Lechecillo

Codiaeum variegatum (L.) Blume
Crotón de jardín, periquito, tirabuzón
Garden croton

Croton astroites Dryand.
Marán, maná

Croton glandulosus L.
Vente conmigo

Euphorbia cyathophora J. Murr.
Maravilla

Sapium jamaicense Sw.
Tabaiba, hinchahuevos, lechecillo
Gumtree

Sapium sebiferum (L.) Roxb.
Arbol de cera, sebo vegetal
Chineese tallow-tree

FLACOURTIACEAE
Dovyalis caffra (Harv. & Sonder) Warb.
Manzana cafre
Kei apple

Dovyalis hebecarpa (G. Garner) Warb.
Quetembila
Ketembila

GERANIACEAE
Pelargonium odoratissimum (L.) L'Herit. ex Ait.
Geranio de olor, malvarrosa, aroma
Nutmeg geranium

GESNERIACEAE
Saintpaulia ionantha H. Wendl.
Violeta africana
African violet

GRAMINEAE
Bambusa vulgaris Schrad ex Wendl.
Bambú, bambúa, mambúa
Bamboo

Cenchrus echinatus L.
Abrojo, cadillo
Bur grass

Cymbopogon citratus (DC.) Stapf
Limoncillo, zorra de limón
Lemon grass

Cymbopogon nardus (L.) Rendle
Hierba limón, yerba de limón, citronela
Citronella grass

Cynodon dactylon (L.) Pers.
Hierba Bermuda, Pepe Ortiz, hala que te quedas
Bermuda grass

Digitaria ciliaris (Retz.) Koeler
Hierba de juey, pata de gallina
Crab grass

Eragrostis tenella (L.) Beauv. ex Roem. & Shult.
Hierba romántica, amor
Love grass

Oryza sativa L.
Arroz
Rice

Saccharum officinarum L.
Caña de azúcar, caña
Sugarcane

Zea mays L.
Maíz, malojo
Corn, Indian corn

GUTTIFERAE
Mammea americana L.
Mamey
Mammee apple

LABIATAE
Leonotis nepetifolia (L.) R. Br. in Ait. f.
Botón de cadete, molinillo, quinino del pasto
Lion's ear

LOASACEAE
Mentzelia aspera L.
Pegadora

MALVACEAE
Thespesia populnea (L.) Soland. ex Correa
Emajagüilla, caraña, palo de jaqueca
Cork tree

MIMOSACEAE
Acacia riparia HBK
Acacia zarza, zarza brava
Catch and keep

Mimosa ceratonia L.
Zarza
Black ambret, climbing mimosa

Mimosa pudica L.
Moriviví, mimosa, sensitiva
Sensitive plant

MORACEAE
Ficus carica L.
Higo, higuera
Fig

MYRTACEAE
Melaleuca quinquenervia (Cav.) S. T. Blake
Cayeputi, Cayeput
Cayeput tree

PHYTOLACCACEAE
Petiveria alliacea L.
Anamú
Garlic weed, Congo root, Guinea hen weed

PLUMBAGINACEAE
Plumbago indica L.
Zapatitos de la virgen
Red plumbago

ROSACEAE
Rubus rosifolius Smith
Fresas, frambuesa común
Mountain raspberry, West Indian raspberry, wild raspberry

RUTACEAE
Ruta chalapensis L.
Ruda
Rue

SMILACACEAE
Smilax habanenis Jacq.
Dunguey blanco
Green brier

SOLANACEAE
Solanum americanum var. *nodiflorum* (Jacq.) Edmunds
Hierba mora, mata gallina
Black nightshade, pop-bush
y las demás especies de *Solanum*

STERCULIACEAE
Theobroma cacao L.
Cacao
Chocolate tree Cocoa bean

TROPAEOLACEAE
Tropaeolum majus L.
Jacinto
Garden masturtium, masturtium

UMBELLIFERAE
Daucus carota L.
Zanahoria
Carrot

VERBENACEAE
Clerodendrum philippinum Schauer
Flor de muerto, jazmín hediondo, yapaná
Wild jasmine

ZINGIBERACEAE
Zingiber officinale Roscoe
Jenjibre, jenjibre dulce
Ginger

BIBLIOGRAFIA

Adams, Dennis; Kenneth Magnus and Compton Seaforth. *Poisonous Plants in Jamaica.* Dept. of Extra Mural Studies, University of the West Indies.

Arnold, H.L., *Poisonous Plants of Hawaii.* Honolulu: Fong Publishing Co., 1944.

Britton, N.L. *Scientific Survey of Puerto Rico and the Virgin Islands.* New York: New York Academy of Science, 1925.

Chopra, R.N., R.L. Badwar and S. Ghosch. *Poisonous Plants of India,* v.I. Calcuta: Government of India Press, 1949.

Claus, Edward P.; Varro E. Tyler; and Linn R. Brady. *Pharmacognosy,* 6th. Edition. Philadelphia: Lea & Febiger, 1970.

Dastur J.F., F.N.I. *Medicinal plants of India and Pakistan.* Bombay: D.B. Taraporevala Sons & Co.

de Grosourdy, D. Renato. *El Médico Botánico Criollo.* París: Librería de Francisco Brachet, 1864.

Dorland's Ilustrated Medical Dictionary, 25th. Edition. Philadelphia: W.B. Saunders, 1965.

Everist, Selwyn L. *Poisonous Plants of Australia.* Sidney: Angus and Robertson Publishers, 1974.

Everett, Thomas H. *Encyclopedia of Horticulture.* New York: New York Botanical Garden, 1981.

Fisher, Alexander A. *Contact Dermatitis,* 3rd. Edition. Philadelphia: Lea and Febiger, 1986.

Font Quer, Pío. *Plantas Medicinales, El Dioscórides Renovado.* Madrid: Editorial Labor, 1962.

Fuller, Thomas C. and Elisabeth McClintock / Berkeley, CA: University of California Press, 1986.

Goodman, Louis J. and Alfred Gilman. *The Pharmacological Basis of Therapeutics,* 6th. Edition. New York: McMillan Publishing Co., 1980.

Goth, Andrés. *Farmacología Médica, Principios y Conceptos,* 6th. Edition. México: Nueva Editorial Interamericana.

Grieve, M. *A Modern Herbal,* 2 Vol., New York: Dover Publications, 1971.

Hardin, James W. and Jay M. Arena. *Human Poisoning from Native and Cultivated Plants,* 2nd. Edition. Durham, N.C.: Duke University Press, 1974.

Keeler, Richard F., Kent R. Van Kampen y Lynn F. James. *Effects of Poisonous Plants on Livestock.* New York: Academic Press, 1978.

Kinghorn A. Douglass. *Toxic Plants.* New York: Columbia University Press, 1977.

Kingsbury, J.M. *Poisonous Plants of the United States and Canada.* Englewood Cliffs, NJ: Prentice-Hall, Inc., 1964.

Lampe, Kenneth F. and Rune Fagerström. *Plant Toxicity and Dermatitis. A Manual for Physicians.* Baltimore: The Williams and Wilkins Co., 1968.

Lewis, Walter A. and Memory P.F. Elvin-Lewis. *Medical Botany Plants Affecting Man's Health.* New York: John Wiley & Sons, 1977.

Little, Elbert L., Frank H. Wadsworth y José Marrero. *Arboles Comunes de Puerto Rico y las Islas Vírgenes.* San Juan: Editorial Universidad de Puerto Rico, 1967.

Little, Jr., Elbert L., Roy O. Woodbury and Frank H. Wadsworth. *Trees of Puerto Rico and The Virgin Islands.* Agriculture Handbook No. 449, U.S. Dept. of Agriculture, Washington, D.C., 1974.

Martínez, Máximo. *Plantas Medicinales de México,* 4ta. Ed. México: Ediciones Botas, 1959.

Martorell, Luis F., Alain H. Liogier y Roig O. Woodbury, "Catálogo de los nombres vulgares y científicos de las plantas de Puerto Rico", *Boletín Estac. Exper. Agri.,* Río Piedras, P.R. (262):71, 1981.

Mitchell, John and Arthur Rook. *Botanical Dermatology: Plants Injurious to the Skin.* Vancouver, Canada: Greengrass, L.T.D., 1979.

Morton, Julia F. *Plants Poisonous to People in Florida and other Warm Areas.* Stuart, Fla.: Southeastern Printing Company, 1977.

Muenscher, Walter Conrad. *Poisonous Plants of the United States.* Revised edition. New York: Collier Books, A Division Of Macmillan, 1975.

Oakes, A.J. and James O. Butcher. *Poisonous and Injurious Plants of the U.S. Virgin Islands.* Washington, D.C.: Agricultural Research Service, U.S.D.A., 1962.

Osol, Arthur and George E. Farrar, Jr. et al. *The Dispensatory of the United States of America,* 24th. Edition. Philadelphia: J.B. Lippincott Company, 1947.

Pérez Arbelaiz, Enrique. *Plantas Utiles de Colombia.* Madrid: Sucrs. de Rivadeneyra, 1956.

Perkins, Kent D. and Willard W. Payne. *Guide to the Poisonous and Irritant Plants of Florida.* Gainesville. FL: Florida Cooperative Extension Service, 1978.

Quisumbing, Eduardo. *Medicinal Plants of the Phillipines.* Manila: Technical Bulletin 16, Dept. of Agric. and Natural Resources, Bureau of Printing, 1951.

Roig y Mesa, Juan Tomás. *Plantas Medicinales Aromáticas o Venenosas de Cuba,* 2 vols. La Habana: Serv. de Public. y Divulgación, Minist. Agric., Rep. de Cuba, 1945.

Schultes, Richard E., y Albert Hofmann, *The Botany and Chemistry of Hallucinogens.* Springfield, Ill.: Charles C. Thomas, 1980.

Stahl, Agustín. *Estudios sobre la flora de Puerto Rico,* 2da. ed., 3 vols. Federal Emergency Relief Administration, Imprenta Venezolana, 1936.

Stephen K. SIM. *Medicinal Plants Alkaloids,* 2nd. Edition. Toronto: University of Toronto Press, 1964.

Tampion, John. *Dangerous Plants.* New York: Universe Books, 1977.

Tyler Varro E., Lynn R. Brady and James E. Robbers. *Pharmacognosy,* 8th. Edition. Philadelphia: Lea & Febiger, 1981.

Uphof, J.C. Th. *Dictionary of Economic Plants.* Verlag von J. Cramer, 1968.

Vélez, Ismael. *Plantas Indeseables en los Cultivos Tropicales.* Río Piedras, P.R.: Editorial Universitaria, 1950.

Watt, John M. and M.G. Breyer-Brandwijk. *Medicinal and Poisonous Plants of Southern and Eastern Africa.* Edinburgh: E. and S. Livingstone, 1962.

Windholz, Martha and other Associate and Assistant Editors. *The Merck Index, An Encyclopedia of Chemical and Drugs.* Rahway, NJ: Merck & Co., 1976.

Youngken, Heber W. *Textbook of Pharmacognosy,* Sixth Edition. Philadelphia: The Blakiston Co., 1950.

TERMINOS CIENTIFICOS

Acaulescente: Se aplica a las plantas de tallo tan corto que parece inexistente, de modo que las hojas nacen a ras del suelo.

Aceite esencial: Grupo de compuestos orgánicos, muy aromáticos, que se encuentran en diversos órganos de la planta y que se obtienen generalmente por destilación con vapor de agua.

Acicular: Que posee la forma de aguja; es decir, larga y fina. Ej. cristales aciculares.

Acuminada: Que termina gradualmente en una punta alargada.

Afelpada: Hecha en forma de felpa.

Afrodisíaco: Que estimula las funciones sexuales.

Afta: Pequeña úlcera blanquecina que se forma en la membrana mucosa de la boca o en la del tubo digestivo, o en la genital.

Alabardada: De figura de alabarda (arma formada por un asta de madera y una moharra con cuchilla transversal, aguda por un lado y figura de media luna por el otro).

Alado, da: Provisto de ala o alas.

Albúmina: Grupo de proteínas simples, solubles en agua, que se coagulan con el calor.

Alcaloide: Compuesto orgánico que se encuentra en diversos órganos de una planta, considerado químicamente como una base vegetal nitrogenada y que posee una acción medicinal marcada.

Alopesia: Caída del cabello.

Alternas: Se refiere a las hojas, renuevos, etc. cuando están dispuestas una en cada nudo sin estar juntas en uno solo, sino en forma de zig-zag.

Analgésico: Droga que mitiga el dolor.

Anodino: Véase analgésico.

Anorexia: Inapetencia.

Antera: Parte fértil de un estambre que contiene el polen.

Antiartrítico: Droga que se usa contra la inflamación de las articulaciones, o diátesis artrítica.

Antiespasmódico: Droga que produce relajación muscular, eliminando así los espasmos o convulsiones musculares.

Antiflogístico: Que combate las inflamaciones.

Antihelmíntico: Que contrarresta las lombrices intestinales.

Antiherpético: Que contrarresta las infecciones de herpes o empeines.

Antipirético: Droga que se usa contra la fiebre.

Antiséptico: Droga que inhibe el crecimiento bacteriano.

Antitoxina: Anticuerpos o substancias de origen biológico elaboradas por el organismo para combatir el efecto de las toxinas.

Antocarpo: Envoltura constituida por la parte basal del perianto acrecido y persistente, que protege el fruto de las nictagináceas.

Apice: Se refiere al extremo geométrico de un órgano de una planta, y ápice de una hoja.

Apiculado: Provisto de un apículo, puntita, como lo que se forma en la porción media de los folíolos de diversas especies de *Vicia,* etc.

Aquenio: Fruto seco, indehiscente, que consta de una sola semilla, cuya cubierta no está bien unida al pericarpio o capa de la fruta.

Arilado, da: Que posee arilo o excrescencia que se forma en la superficie del rudimento seminal o en el extremo del funículo, localizado en muy diversos puntos del tegumento externo.

Aserrada: Que posee la forma de sierra, con dientecitos agudos y próximos.

Astringente: Droga que contrae los tejidos y contrarresta las secreciones.

Atáxica: Que padece incapacidad de coordinar los movimientos musculares voluntarios.

Ateteclasis: Expansión incompleta de los pulmones; colapso pulmonar en un adulto.

Axila: Angulo formado en la parte superior de una planta por la unión de la hoja y el tallo.

Axilar: Concerniente a la axila, situado o nacido en ella; rama, racimo axilar, etc.

Baya: Fruto carnoso indehiscente cuyo interior (mesocarpio y endocarpio) es blando con numerosas semillas distribuidas en la pulpa.

Béquico: Que contrarresta la tos.

Bianual: Plantas que viven por un período de tiempo no mayor de dos años.

Bienal: Dícese de la planta monocárpica que vive más de un año sin pasar de dos; durante el primero germina la semilla y la planta se desarrolla, para florecer y fructificar en el segundo año.

Bífido: Que está dividido en dos partes.

Bifurcado: Término usual muy empleado para referirse a órganos diversos de forma ahorquillada o dicótomos.

Bilabiada: En forma de dos labios.

Bipinada: Se refiere a la forma de una hoja compuesta con divisiones en forma característica.

Bivalva: Se refiere a las dos divisiones de las cápsulas de las legumbres o de otros frutos.

Blenorragia: Flujo mucoso ocasionado por la inflamación de una membrana, sobre todo de la uretra.

Bráctea: Hoja de cuya axila nace una flor o un eje floral.

Bracteola: Hoja generalmente muy pequeña, que brota del pedúnculo de una flor, constituyendo un involucro cuando se encuentran en grupos.

Bradicardia: Lentitud del latido cardíaco evidenciado por la disminución de las pulsaciones a menos de 60 por minuto.

Cabezuela: Clase de inflorescencia, característica de las flores compuestas, que consta de un eje corto y un grupo de flores unidas, que parecen ser una sola flor.

Cáliz: Verticilo u organización floral exterior de hojas denominadas sépalos.

Canescente: Se dice de las plantas o de los órganos vegetales que se hallan cubiertos de bello blanco y corto, como si fuera a encanescer.

Capirote: Dícese de la res vacuna que tiene la cabeza de distinto color que el cuerpo.

Cápsula: Fruto seco dehiscente, que consta de dos o más celdas o carpelos, que se abren longitudinalmente.

Carminativo: Que contrarresta la formación de gases intestinales. Contra la flatulencia intestinal.

Carpelo: Organo sexual femenino de ciertas plantas.

Cartácea: De consistencia de papel o de pergamino.

Catártico: Droga que provoca fuertes evacuaciones de los intestinos.

Cáustico: Droga capaz de destruir los tejidos blandos del cuerpo convirtiéndolos en tejidos muertos.

Cerdas: Término vulgar aplicado en botánica a los pelos no demasiado cortos y de alguna rigidez que presentan algunas plantas.

Ciliada: Se refiere a un órgano de una planta que posee pelitos muy finos o apéndices similares.

Cilio: Borde del párpado superior, y aun todo el párpado, ceja; por lo tanto, margen del párpado donde se implantan las pestañas, que en botánica se ha aplicado a la propia pestaña.

Cima: Clase de inflorescencia, cuyo eje principal termina en una flor con flores subsiguientes producidas en los extremos de ejes laterales o de ramas sucesivas que forman una superficie plana en la parte superior.

Cinabrio: Sulfuro nativo de mercurio muy pesado y de color rojo oscuro.

Cirro: Zarcillo desarrollado en el tallo de una planta.

Claviforme: De forma de clavo o porra, a modo de palo grueso, ensanchado gradualmente hacia el ápice, que es redondeado.

Cólico: Dolor o malestar intestinal que se caracteriza por contracciones, retortijones o espasmos, ansiedad y sudoración.

Colinérgica: Que está estimulado, activado o transmitido por colina (acetil colina); se refiere a las fibras nerviosas que liberan acetil colina (las terminaciones nerviosas del sistema parasimpático).

Colirio: Preparación farmacéutica, líquida que ejerce su efecto medicinal sobre los ojos.

Coma: Estado morboso debido a causas muy diversas, caracterizado por la abolición de las funciones psíquicas y la inmovilidad.

Contusión: Ruptura de los vasos sanguíneos en un tejido, con más o menos derrame de sangre como consecuencia de un golpe, sin producir laceración del tejido.

Cordiforme: De forma acorazonada.

Coriácea: Que posee la contextura fuerte y áspera del cuero.

Corimbo: Inflorescencia en forma de racimo, en la cual los tallos de las flores se prolongan haciéndose más cortos a medida que se elevan hacia la parte superior de su eje.

Córneo: De consistencia dura, como de cuerno.

Corola: Organización interna de una flor, compuesta de pétalos.

Costilla: Proyección o listel que forma resalto más o menos pronunciado en la superficie de los órganos, y especialmente en los frutos de las umbelíferas.

Cotiledón: Una de las hojas rudimentarias del embrión de la semilla.

Cremocarpio: Fruto característico de las plantas umbelíferas que consta de dos o más porciones, aquenios o mericarpios separados por un carpóforo.

Crenada: Orlado de festones.

Crenífero: Se refiere al margen de una hoja con dientes redondeados.

Culmo: Es el tallo fistuloso y articulado de las gramíneas.

Cuneada: Cuneiforme: De figura de cuña o parecido a la sección longitudinal de una cuña.

Cuneiforme: En forma de cuña.

Cuspidado, da: Acabado en punta o cúspide.

Decocción: Preparación farmacéutica de una droga mediante la ebullición para extraerle los principios medicinales que posee.

Dehiscente: Se refiere a todo fruto que al secarse abre de por sí, dejando escapar las semillas.

Deltoide: Aplícase a los órganos laminares, generalmente a las hojas, cuyo contorno recuerda el de la delta, e.d., de un triángulo isósceles de base poco ancha.

Demulcente: Droga de naturaleza mucilaginosa o coloidal que suaviza, calma y protege membranas mucosas irritadas u otros tejidos.

Dentado, da: Se aplica a los órganos o miembros macizos que tienen prominencias a modo de dientes.

Depilatorio: Que produce la caída de pelos o vellos.

Depurativo: Droga que purifica la sangre o el organismo.

Dermatógeno: Capa de células en continua actividad meristemática, producida en el periblema del tallo o raíz.

Detersivo: Se refiere a lo que tiene la virtud o propiedad de limpiar o purificar.

Diaforético: Droga que produce sudoración.

Dicótoma: Que se divide o bifurca continuamente en dos ramas.

Difuso: Esparcido, desparramado, de ramas dispersas por doquier.

Digitado, da: Dícese de la hoja compuesta cuyas hojuelas sepáranse como los dedos de la mano abierta.

Dioica: Especies de plantas que tienen las flores de cada sexo por separado.

Disfagia: Dificultad o imposibilidad de tragar.

Dismenorrea: Menstruación dolorosa o difícil.

Disnea: Dificultad de respirar.

Dispepsia: Enfermedad crónica caracterizada por la digestión laboriosa o imperfecta.

Dístico, ca: Se refiere a toda clase de órganos de plantas que se presentan colocados en dos filas.

Diurético: Droga que estimula la secreción de la orina.

Drupa: Clase de fruto, carnoso, duro e indehiscente, que consta de una sola semilla.

Edematosa: Area del cuerpo blanda e hinchada por infiltración de una serosidad en los tejidos.

Emarginado: Generalmente tratándose de hojas con una muesca o entalladura poco profunda, generalmente en el ápice.

Emenagogo: Droga que estimula la menstruación, aumentando el flujo mensual.

Emetina: Compuesto orgánico clasificado como alcaloide que al tomarse produce vómitos, obtenido de la ipecacuanha.

Emoliente: Que ablanda los tumores o disminuye las inflamaciones.

Endocarpio: Parte interior del pericarpio de una fruta.

Endospermo: Tejido o sitio de almacenamiento de alimento en la semilla alrededor del embrión.

Enfisema: Es una condición patológica de los pulmones en cuyos tejidos se encuentra una acumulación de aire.

Epicarpio: Parte exterior del pericarpio cuando éste consta de dos o más capas de diferente textura.

Epífito, ta: Se aplica a los vegetales que viven sobre otras plantas sin sacar de ellas su nutrimento.

Epilepsia: Término que se designa a una alteración súbita de la función cerebral, acompañada generalmente de pérdida de conocimiento con o sin convulsiones.

Escabroso, sa: Lleno de asperezas, de tricomas cortos y rígidos que se aprecian bien con el tacto.

Escamiforme: Escuamiforme; de forma de escama, parecido a una escama.

Escorbuto: Enfermedad causada por deficiencia de la vitamina C, caracterizada por anemia, debilidad, apatía, encías afectadas, ulceración de la boca y hemorragia en las diversas partes del cuerpo.

Escorpiodeo: Escorpioide; semejante al escorpión, por la semejanza de estas inflorescencias con la cola arqueada o arrollada de los escorpiones.

Escroto: Bolsa formada por la piel que cubre los testículos y las membranas que los envuelven.

Espádice: Espiga simple o compuesta de raquis más o menos carnoso con las flores generalmente unisexuales e inconspicuas, rodeada de una espata.

Espasmo: Contracciones musculares de un tejido u órgano del cuerpo.

Espata: Bráctea amplia o par de brácteas que envuelven la inflorescencia o el eje florífero, como la de los ajos.

Espatulado, da: Se dice de los órganos laminares de figura de espátula, instrumento a modo de cuchillo, de bordes sin filo y ápice redondeado, gradualmente ensanchado hacia la parte superior.

Espiga: Inflorescencia que consta de flores sésiles sobre un eje largo.

Espinescente: Que se vuelve espinoso; que tiene pequeñas espinas.

Estambre: Organo masculino de una flor que produce polen.

Estaminíferas: Las flores unisexuales de una planta con estambres pero sin pistilo.

Estilo: Prolongamiento filiforme del ovario que termina en el estigma.

Estigma: Extremo superior del estilo o carpelo que recibe el polen.

Estipitada: Planta provista de estípite (tronco) como la palmera.

Estípite: Tallo largo y no ramificado de las plantas arbóreas, principalmente del tronco de las palmas.

Estípula: Hoja modificada que se encuentra en la base del pecíolo de las hojas.

Estolón: Tallo rastrero, capaz de desarrollar raíces o bulbos y convertirse en una planta.

Estolonífera: Se dice de la planta, del rizoma, etc., que produce estolones, renuevo o brote lateral, más o menos delgado, a menudo muy largo que nace de la base de los tallos, engendra nuevos crecimientos y propaga vegetativamente la planta.

Estomáquico: Que tonifica el estómago y mejora su funcionamiento.

Estomatitis: Inflamación de la mucosa bucal.

Estrías: Líneas longitudinales de surcos, arrugas o franjas coloreadas.

Estupefacientes: Sustancia narcótica y analgésica que produce en el individuo un estado de euforia, sensación para soportar el dolor y las adversidades.

Estupor: Disminución notable de la actividad de las funciones intelectuales.

Eupéctico: Que facilita la digestión, digestivo.

Exantemático: Perteneciente al exantema o acompañado de esta erupción cutánea, más o menos rojiza, sin pápulas ni vesículas, que acompaña a ciertas enfermedades.

Exocarpo: Sinónimo de epicarpo y pericarpio; parte del fruto que rodea la semilla y la protege.

Expectorante: Droga que promueve la secreción de mucosidad del tracto respiratorio.

Fascículo: Sinónimo de hacecillo. Tratándose de inflorescencias, cima muy contraída, aunque menos que el glomérulo.

Febrífugo: Droga que disipa o disminuye la fiebre.

Fenotiazina: Se designa así a un grupo de compuestos químicos de estructura similar que se usan como tranquilizantes.

Festón: Adorno compuesto de flores, frutas y hojas, con que se adornaban las puertas de los templos, etc.

Filiforme: De forma parecida a un hilo.

Fimbriado, da: Se refiere principalmente a los pétalos y equivale a franjeado.

Flatulencia: Acumulación excesiva de viento o gas en el estómago o intestino con la consiguiente distensión de dicho órgano y malestar.

Flexuoso, sa: Que forma ondas.

Flósculo: Cada una de las florecitas de la corola cerrada que forman una flor compuesta.

Folículo: Fruto seco dehiscente que se abre por un solo lado y que contiene las semillas sujetas a un receptáculo propio.

Folioso, sa: Hojoso: "Arbol... muy ramificado y folioso".

Fronda: Se refiere a la hoja del helecho.

Fronde: La hoja del árbol y la copa o conjunto de hojas del mismo. Puede referirse también a la hoja de helechos y de las palmas.

Fusiforme: Que tiene la forma de huso, ahusado.

Galactagogo: Que aumenta la secreción de leche en la mujer.

Gamopétala: Flor cuya corola está compuesta de pétalos más o menos unidos.

Giboso: Con una o varias abolladuras en resalto vistas desde fuera.

Glabra, bro: Desprovisto completamente de pelos.

Glandulífero: Estructura vegetal que posee una o más glándulas.

Glauco: De color verde claro, con matiz ligeramente azulado.

Globulina: Proteína insoluble en agua y alcohol, pero soluble en soluciones débiles de sales neutras; se encuentra en la sangre.

Glomérulo: Una de las varias clases de inflorescencias, la formada por una cima sumamente contraída, de forma más o menos globulosa.

Glucósido: Compuesto orgánico presente en muchas plantas, de acción medicinal y que posee la propiedad química de hidrolizarse en un azúcar y otro compuesto orgánico de diversa índole.

Guadaña: Instrumento para segar a ras de tierra con una cuchilla curva de forma característica en un extremo.

Hematuria: Fenómeno morboso que consiste en orinar sangre.

Hemoglobinuria: Se refiere a la presencia de hemoglobina libre en la orina.

Hemólisis: Es la separación de la hemoglobina de los corpúsculos rojos producida por efectos químicos o físicos.

Hemostático: Droga que contrarresta las hemorragias.

Herbácea: Planta que no tiene un tallo leñoso, gran número son anuales, aunque pueden desarrollarse después nuevamente.

Hermafrodita: Se refiere a las flores que contienen ambos órganos sexuales en la misma planta, aunque no necesariamente activos.

Hidrólisis: Proceso de descomposición que implica adición de los elementos del agua.

Hidropesía: Acumulación anómala de suero en cualquier parte del cuerpo.

Hiperpirexia: Temperatura sobre lo normal.

Hipostenizante: Medicación que produce la disminución de las fuerzas o la actividad de un órgano o su función.

Hirsuto: Aplícase a cualquier órgano vegetal cubierto de pelo rígido y áspero al tacto.

Híspida: Cubierta de pelos muy finos y pequeños.

Hipoglucemia: Condición de la sangre, en la cual la concentración de glucosa es inferior al límite normal.

Hoja compuesta: Es la que se compone de uno o más folíolos.

Hojoso: Que tiene muchas hojas.

Imparipinnada: Se refiere pinnada cuyo raquis remata en un folíolo, de lo cual resulta que el número total de los folíolos es impar.

Indehiscente: Fruto que al secarse no se abre o hiende de por sí.

Inequilateral: Se refiere a las hojas cuyos lados no son del mismo tamaño.

Inflorescencia: Se refiere al grupo de flores desarrolladas en el pedúnculo o eje de la planta y a la forma en que están distribuidas en ese eje.

Infusión: Preparación farmacéutica, acuosa, confeccionada de drogas vegetales en agua hervida por determinado tiempo para su extracción.

Involucro: Conjunto de brácteas que rodean el receptáculo de una flor o grupos de flores.

Lampiño, ña: Sinónimo de glabro; se aplica a cualquier órgano vegetal que carece de pelo.

Lanceolada: En forma de lanza, ancha en el medio disminuyendo gradualmente hasta terminar en una punta aguda.

Látex: Jugo celular lechoso de una planta que contiene diversos compuestos orgánicos, algunos de acción medicinal.

Laxante: Droga que produce acción evacuante débil.

Lenticular: De forma de una lenteja.

Leucopenia: Se refiere a una reducción en el número de leucocitos en la sangre con 5,000 ó menos.

Lígula: Apéndice membranoso en la cima de la cubierta de la hoja de las gramíneas; se refiere también a la corola hendida en forma de lengüeta característica de las flores de las compuestas.

Limbo: Lámina o parte principal de la hoja.

Lirada: Se refiere a las hojas pinatífidas que tienen el lóbulo terminal más largo que los laterales.

Lomento: Vaina o legumbre modificada, unida o multilocular, que se abre transversalmente en segmentos, cada uno con una semilla.

Marginado: Que tiene reborde; hoja marginada.

Mericarpio: Cada uno de los aquenios en que se dividen algunos frutos.

Mesocarpio: Parte intermedia del pericarpio, entre el pericarpio y el endocarpio.

Monoica: Plantas cuyas flores estaminadas y pistiladas están separadas en la misma planta.

Mucilaginosa: Que contiene mucílago o tiene algunas de sus propiedades físicas o químicas.

Mucronado: Dícese del órgano que remata de manera abrupta o súbita en una punta corta, en un mucrón.

Neuralgia: Padecimiento cuyo principal síntoma es un dolor vivo a lo largo de un nervio y de sus modificaciones producido por causas diversas.

Oblongo: Más largo que ancho.

Obtuso: Se aplica al órgano de la planta, sea hoja, bráctea, pétalo, etc., cuyos bordes forman en el ápice del mismo un ángulo obtuso.

Ocreola, ócrea: Conjunto de dos estípulas axilares membranosas, concescentes totalmente por ambos bordes en una pieza, a modo de cucurucho alargado, rodeando y envolviendo el ápice caulinar cuando la hoja correspondiente no se ha desarrollado aún por completo.

Oliguria: Eliminación de una cantidad disminuida de orina en relación con la cantidad de líquidos que se toman.

Opuestas: Se refiere a la posición de las hojas en el tallo, una al lado de otra en un mismo nudo.

Orbicular: Circular, redondo.

Ovario: Parte inferior de un pistilo o carpelo que contiene los óvulos del cual se desarrolla eventualmente la fruta.

Oxaluria: La excreción de una cantidad excesiva de oxalato en la orina.

Palmeado: De forma semejante a la de la mano abierta.

Panícula: Inflorescencia que consta de un racimo compuesto con los pedicelos inferiores más largos que los superiores.

Panoja: Término usual con que se designa principalmente el espádice del maíz.

Parestesia: Sensación de morbidez anormal, ej. como de quemazón, objetos punzantes, etc.

Paripinnado, da: Se aplica a la hoja pinnada cuyo raquis carece de folíolo terminal, por donde resulta que el número de elementos que la componen es par; paripinada.

Pecíolo: Tallo de la hoja.

Pedicelado, da: Provisto de pedicelo, cabillo o rabillo de una flor en las inflorescencias compuestas.

Pedicelo: Tallo de la flor o fruto.

Pediculosis: Enfermedad de la piel producida por el insistente rascamiento a causa de la abundancia de piojos, sobre todo de los del cuerpo.

Pedunculada: Se refiere a una flor o a la inflorescencia que posee un tallo que la sostiene.

Pedúnculo: Tallo principal de una inflorescencia.

Peltado, da: Se refiere a la hoja de lámina redondeada y con el pecíolo inserto en su centro.

Péndulo, la: Se refiere al tallo de la flor, del fruto, etc., colgantes o cabizbajos.

Pentágona: Término que consiste de dos partes, *penta-* que implica cinco y *gona*, ángulo; muy empleado para implicar la forma de los órganos angulosos o esquinados.

Perenne: Planta que vive más de dos años.

Pericarpio: Parte del fruto que envuelve y protege a las semillas.

Pinna: En las hojas compuestas, sinónimo de folíolo.

Pinnada: Se aplica a las hojas compuestas cuando las hojuelas están distribuidas a lo largo de su eje principal; pinada.

Pinatífida: Hendida a través de tiras largas en forma de pluma de ave.

Piriforme: De forma de pera.

Pistilado, da: Provisto de pistilo; flores pistiladas.

Pistilo: Carpelo diferenciado en ovario, estilo y estigma.

Plumosa: Se refiere a cuando los pelitos se presentan a modo de barbitas laterales, semejantes a las de las plumas.

Pluriforma: Con varias flores.

Polígamo, ma: Se aplica a las plantas que manifiestan el fenómeno de la poligamia; se alude a la posibilidad de diversas uniones sexuales entre las flores monoclinas y diclinas de estas plantas.

Proteinuria: Se refiere a la presencia de un exceso de seroproteínas en la orina.

Pruinoso: Que tiene pruína (revestimiento céreo tenuísimo de la cutícula de muchos tallos, hojas, frutos, etc., que les da aspecto glauco, apariencia con que se designa a esta capita).

Puberulenta: Que está revestido de pelitos muy finos y cortos.

Pubescente: Cubierto de pelos finos, cortos y suaves.

Raquis: Pecíolo o tallo principal de una hoja compuesta; eje principal de un racimo o espiga de flores.

Rastrero: Se refiere a las plantas que crecen sobre el suelo, no erguidas.

Reniforme: De forma de riñón.

Resolutivo: Véase emoliente.

Rizoma: Tallo subterráneo rastrero.

Rubefaciente: Que producen enrojecimiento de la piel. Se aumenta así la circulación sanguínea en esa área.

Rugosa: Que tiene arrugas, arrugado.

Sabañón: Rubicundez, hinchazón o ulceración de la piel, principalmente en manos, pies u orejas, a causa del frío excesivo.

Sagitada: De figura de saeta o flecha.

Saponina: Compuesto orgánico de origen vegetal, clasificado como glucósido; tiene la propiedad de hacer espuma con agua, similar al jabón y causa hemólisis de los corpúsculos rojos; algunos son de acción medicinal.

Sarcóptica: Sarcótica; se aplica a los remedios eficaces para cerrar las llagas favoreciendo la formación de nuevo tejido.

Sarmentosa: Que tiene un tallo que surge de un pequeño arco de la raíz y luego se inclina hacia el suelo.

Sarna: Enfermedad parasitaria de la piel, producida por el ácaro que excava galerías en la epidermis produciendo con ello picazón intensa.

Serrulado: Serrado, pero con los dientecitos diminutos.

Sésil: Se refiere a las hojas que no tienen pecíolo y están unidas directamente al tallo.

Seta: Pelo algo tieso no excesivamente corto que tienen algunas plantas: setas urticantes.

Seudobulbo: Pseudobulbo; se dice de ciertas tuberosidades de naturaleza mixta, caulinares superiormente y radicales en su parte inferior, como las de muchas orquídeas terrícolas.

Sialagogo: Se refiere a la medicación que aumenta la secreción de saliva.

Siconio: Clase de fruto múltiple como el higo, que consta de un receptáculo invaginado, con numerosos aquenios en su interior.

Silicua: Fruta del algarrobo y otros frutos alargados y formados por una vaina.

Sincarpio: Sincarpo, a: Término que lo mismo se ha aplicado al conjunto de frutos soldados entre sí, procedentes de una sola flor, que a frutos concrescentes originados en flores distintas.

Sinuoso: Que tiene senos, ondulaciones o recodos.

Subcartácea: Casi de consistencia de papel o de pergamino.

Subfructicoso: Se refiere a aquellas plantas o tallos que son leñosos en la base y herbáceos arriba.

Subtruncado: Con la apariencia de haber sido cortado a través.

Taquicardia: Excesiva rapidez con que funciona el corazón (generalmente con más de 100 pulsaciones por minuto).

Tenesmo: Momento de tensión fuerte, pero inefectivo, durante la evacuación intestinal o la urinación (pujo).

Tenífugo: Medicamento que se usa contra la tenia.

Ternado, da: En general, sinónimo de ternos, dispuestos de tres en tres, como las hojas de la adelfa, etc. Hablando de las hojas, sinónimo de trifoliado.

Testa: En la semilla, cubierta externa de la misma, que puede corresponder o no a la primina del rendimiento seminal.

Tetrágono: Se dice de la figura geométrica que tiene cuatro ángulos y cuatro lados.

Tetrámera: Se refiere a las flores que están distribuidas en grupos de cuatro.

Tiña: Enfermedad contagiosa de la piel, particularmente del pericráneo.

Tortuoso, sa: Que tiene vueltas y rodeos.

Toruloso: De forma alargada, pero con ceñiduras; como el fruto del maní.

Truncada: Aplícase a las hojas, etc., que rematan en un borde o en un plano transverso, como si hubieran sido cortadas.

Tubérculo: Crecimiento corto y grueso de las raicillas, raíces o tallos subterráneos de varias plantas.

Umbela: Se refiere a la inflorescencia en que los pedúnculos (o tallos de las flores individuales) surgen de un mismo punto y se elevan a igual altura.

Umbeliforme: Inflorescencia que se caracteriza por la distribución de los pedicelos que brotan de un mismo punto similar a las varillas de una sombrilla.

Unilocular: De un solo lóculo o cavidad.

Utrículo: Cualquiera de las pequeñas vesículas constituidas por hojas o segmentos foliares en el género *Utricularia.*

Valvas: Cada una de las divisiones profundas de las cápsulas propiamente dichas, de las legumbres y de otros frutos secos y dehiscentes.

Vermífugo: Medicamento que se usa contra los vermes u oxiuros intestinales.

Verticilada: Distribución de las hojas o las flores que surgen del mismo nudo.

Verticilastro: Conjunto de flores de algunas labiadas, que, por tratarse de cimas muy contraídas y enfrentadas, parecen constituir un verticilo. (ej. Mentha sps.)

Verticilo: Conjunto de hojas que nacen a un mismo nivel del tallo, ya que en este caso se denominan verticiladas si son más de dos.

Vesicante: Droga que irrita la piel produciendo ampollas o vesículas.

Vivaz: Planta de más de dos años de duración.

Vulnerario: Droga que se usa para sanar heridas, contusiones o úlceras.

Yema: Tallo, rama o capullo rudimentario.

Yermo: Sin cultivo; terreno inhabitado.

Yugado, da: Dispuesto por parejas, como en la yunta. Se usa generalmente con los prefijos uni, bi, tri, multi, etc.

Zarcillo: Hoja o brote modificado en forma de filamento voluble, que sirve a ciertas plantas para trepar.

INDICE DE NOMBRES VULGARES Y CIENTIFICOS